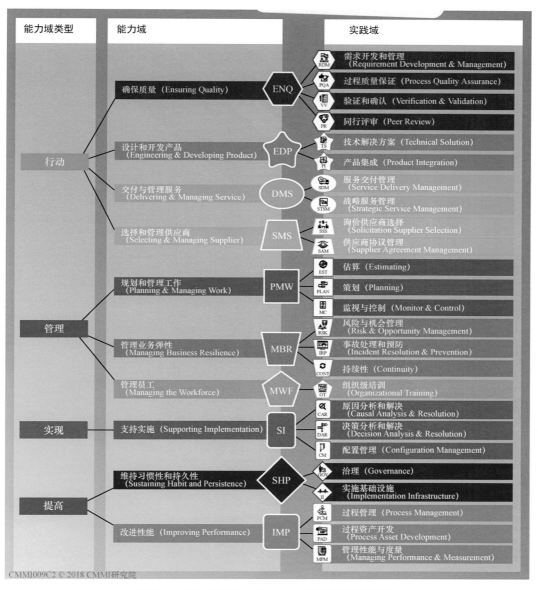

图1-3 能力域类型-能力域-实践域对应关系图

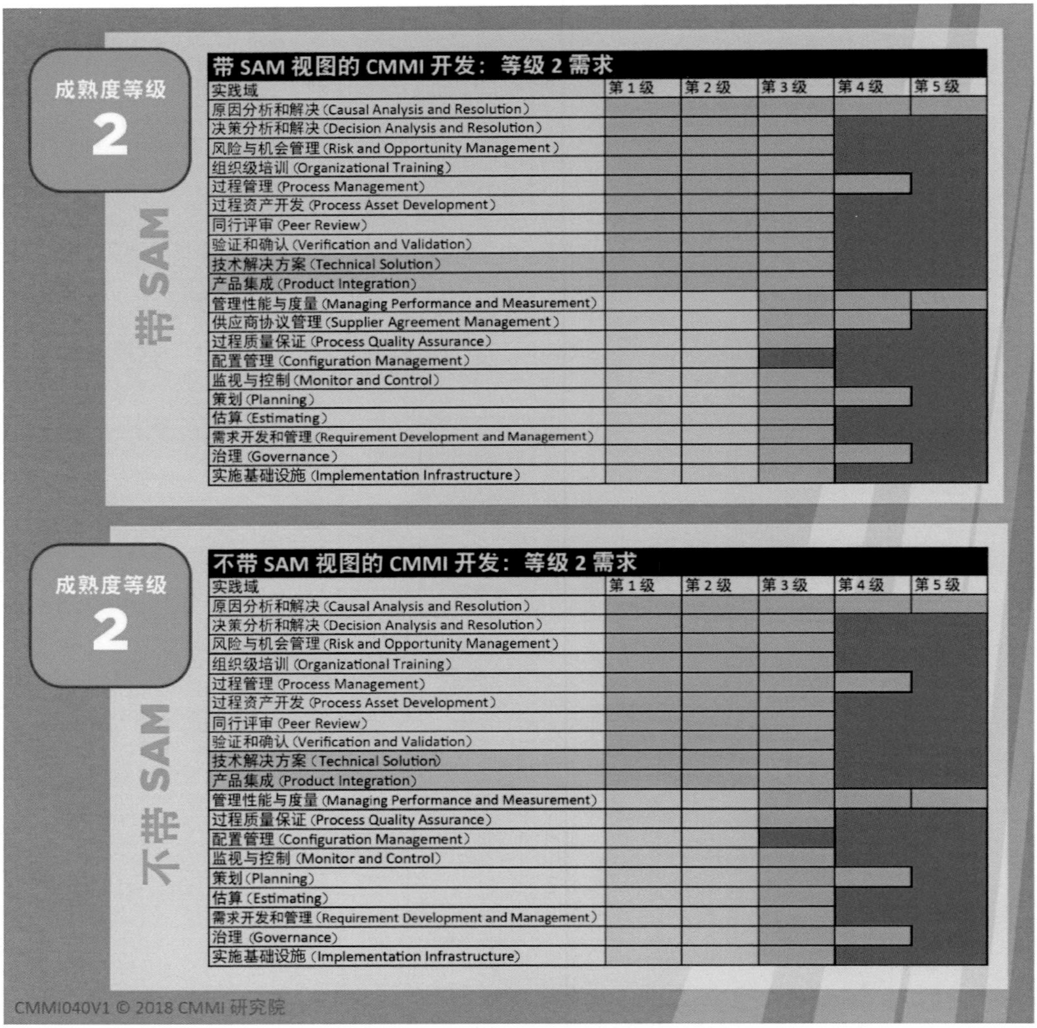

带 SAM 视图的 CMMI 开发：等级 2 需求

实践域	第 1 级	第 2 级	第 3 级	第 4 级	第 5 级
原因分析和解决 (Causal Analysis and Resolution)					
决策分析和解决 (Decision Analysis and Resolution)					
风险与机会管理 (Risk and Opportunity Management)					
组织级培训 (Organizational Training)					
过程管理 (Process Management)					
过程资产开发 (Process Asset Development)					
同行评审 (Peer Review)					
验证和确认 (Verification and Validation)					
技术解决方案 (Technical Solution)					
产品集成 (Product Integration)					
管理性能与度量 (Managing Performance and Measurement)					
供应商协议管理 (Supplier Agreement Management)					
过程质量保证 (Process Quality Assurance)					
配置管理 (Configuration Management)					
监视与控制 (Monitor and Control)					
策划 (Planning)					
估算 (Estimating)					
需求开发和管理 (Requirement Development and Management)					
治理 (Governance)					
实施基础设施 (Implementation Infrastructure)					

不带 SAM 视图的 CMMI 开发：等级 2 需求

实践域	第 1 级	第 2 级	第 3 级	第 4 级	第 5 级
原因分析和解决 (Causal Analysis and Resolution)					
决策分析和解决 (Decision Analysis and Resolution)					
风险与机会管理 (Risk and Opportunity Management)					
组织级培训 (Organizational Training)					
过程管理 (Process Management)					
过程资产开发 (Process Asset Development)					
同行评审 (Peer Review)					
验证和确认 (Verification and Validation)					
技术解决方案 (Technical Solution)					
产品集成 (Product Integration)					
管理性能与度量 (Managing Performance and Measurement)					
过程质量保证 (Process Quality Assurance)					
配置管理 (Configuration Management)					
监视与控制 (Monitor and Control)					
策划 (Planning)					
估算 (Estimating)					
需求开发和管理 (Requirement Development and Management)					
治理 (Governance)					
实施基础设施 (Implementation Infrastructure)					

成熟度等级 **2**　带 SAM　不带 SAM

图 1-4　CMMI-DEV 2.0 的 2 级预定义视图

成熟度等级 3 · 带 SAM

带 SAM 视图的 CMMI 开发：等级 3 需求

实践域	第 1 级	第 2 级	第 3 级	第 4 级	第 5 级
原因分析和解决 (Causal Analysis and Resolution)					
决策分析和解决 (Decision Analysis and Resolution)					
风险与机会管理 (Risk and Opportunity Management)					
组织级培训 (Organizational Training)					
过程管理 (Process Management)					
过程资产开发 (Process Asset Development)					
同行评审 (Peer Review)					
验证和确认 (Verification and Validation)					
技术解决方案 (Technical Solution)					
产品集成 (Product Integration)					
管理性能与度量 (Managing Performance and Measurement)					
供应商协议管理 (Supplier Agreement Management)					
过程质量保证 (Process Quality Assurance)					
配置管理 (Configuration Management)					
监视与控制 (Monitor and Control)					
策划 (Planning)					
估算 (Estimating)					
需求开发和管理 (Requirement Development and Management)					
治理 (Governance)					
实施基础设施 (Implementation Infrastructure)					

成熟度等级 3 · 不带 SAM

不带 SAM 视图的 CMMI 开发：等级 3 需求

实践域	第 1 级	第 2 级	第 3 级	第 4 级	第 5 级
原因分析和解决 (Causal Analysis and Resolution)					
决策分析和解决 (Decision Analysis and Resolution)					
风险与机会管理 (Risk and Opportunity Management)					
组织级培训 (Organizational Training)					
过程管理 (Process Management)					
过程资产开发 (Process Asset Development)					
同行评审 (Peer Review)					
验证和确认 (Verification and Validation)					
技术解决方案 (Technical Solution)					
产品集成 (Product Integration)					
管理性能与度量 (Managing Performance and Measurement)					
过程质量保证 (Process Quality Assurance)					
配置管理 (Configuration Management)					
监视与控制 (Monitor and Control)					
策划 (Planning)					
估算 (Estimating)					
需求开发和管理 (Requirement Development and Management)					
治理 (Governance)					
实施基础设施 (Implementation Infrastructure)					

图 1-5　CMMI-DEV 2.0 的 3 级预定义视图

表 1-3　随机抽样结果案例

类型	项目	EDP		ENQ				IMP			MBR	MWF	PMW			SI		
		PI	TS	PQA	PR	RDM	VV	MPM	PAD	PCM	RSK	OT	EST	MC	PLAN	CAR	CM	DAR
类型1	项目1	SE	SE	SE	RS	SE	RS	SE	SI	SI	SE	SI	SE	SE	SE	RS	SE	SE
类型1	项目2	RS	SE	SE	SE	SE	SE	SE	SI	SI	SE	SI	RS	ADD	RS	SE	SE	RS
类型2	项目3	SE	SE	SE	SE	SUB	SE	SE	SI	SI	SE	SI	SE	SE	SE	SE	RS	SE
类型2	项目4	SE	RS	SE	SE	SE	SE	SE	SI	SI	SE	SI	SE	SE	SE	SE	SE	SE
类型2	项目5	SE	SE	RS	SE	SUB	SE	SE	SI	SI	SE	SI	SE	SE	SE	SE	SE	SE
类型2	项目6	NY	SE	SE	SE	SE	NY	SE	SI	SI	RS	SI	SE	SE	SE	SE	SE	SE
类型2	项目7	SE	SE	SE	SE	SE	SE	RS	SI	SI	SE	SI	SE	RS	SE	SE	SE	SE
	CM	SI	SI	SI	SI	SI	SI	SI	SI	SI	SI	SI	SI	SI	SI	SI	RS	SI
	EPG	SI	SI	SI	SI	SI	SI	RS	RS	RS	SI	SI	SI	SI	SI	RS	SI	SI
	PPQA & MA	SI	SI	RS	SI	SI	SI	RS	SI	SI	SI	SI	SI	SI	SI	SI	SI	SI
	Testing	SI	SI	SI	SI	SI	RS	SI	SI	SI	SI	SI	SI	SI	SI	SI	SI	SI
	Training	SI	SI	SI	SI	SI	SI	SI	SI	SI	RS	SI	SI	SI	SI	SI	SI	SI

表 1-4　随机抽样图例说明

颜色	英文含义与简写	中文含义
	Sample Eligible (SE)	适合抽样
	Sample Ineligible (SI)	不适合抽样
	Not Yet (NY)	尚未
	Randomly Sampled (RS)	随机抽样
	Added PA (ADD)	增加的实践域
	Substituted From (SUB)	替换自
	Substituted To (SUB)	替换为

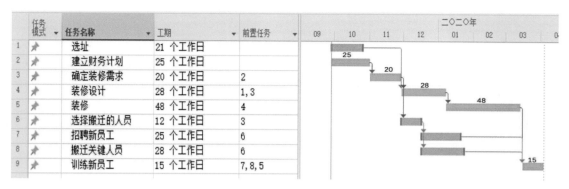

图9-2 使用MS Project识别关键路径

一、项目状态一览（从"快""好""省"3个维度衡量并展示项目目标达成情况）

所处阶段	产品测试阶段				
进度：					
○	里程碑进度	偏差	16.83%	（实际里程碑进度相对于计划进度）	
质量：					
●	缺陷密度	范围	异常	（实际缺陷密度相对于参考缺陷密度）	
投入：					
●	工作量	偏差	6.11%	（实际工作量相对于计划工作量）	

说 明：

●表示"预警"，即与基线或目标值的偏差超过20％；○表示"需关注"，即与基线或目标值的偏差超过10％；●表示"正常"，即与基线或目标值的偏差在10％之内。

图10-2 某企业项目状态报告中的三色灯

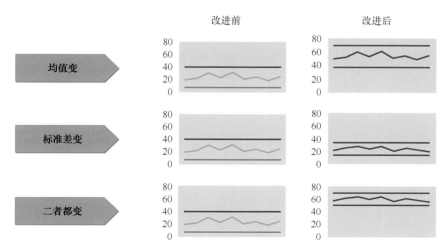

图12-5 改进前后基线的变化

表16-2 某企业过程体系建立大纲（局部）

阶段	过程定义	指南	检查单	模板
可行性研究	可行性研究规范			可行性研究报告
前期需求调研		需求调研工作指南	常见调研问题清单	需求调研报告
项目启动/策划	项目策划规范	项目估算工作指南		项目启动会说明 项目整体计划 项目估算记录 项目进度计划
需求调研及分析	需求调研及分析规范	界面原型设计工作指南（工具、规则、素材）	需求评审检查单	需求规格说明书
需求管理	需求变更规范			变更申请单/工具 需求跟踪矩阵/工具
设计	设计规范	UI设计工作指南 数据库设计工作指南	设计评审检查单	系统设计说明书 数据库设计说明书
开发	编码实现规范	编码规范 单元测试工作指南	代码走查检查单	代码走查记录/工具

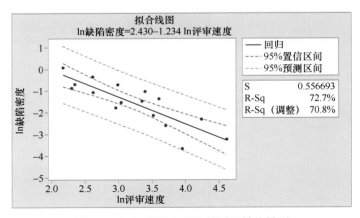

图18-12 回归分析建立的过程性能模型

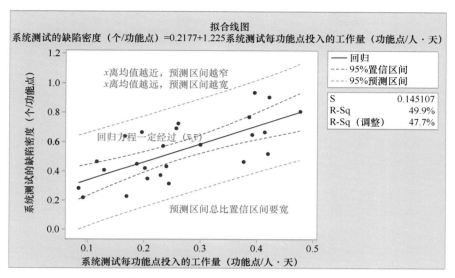

图18-13　通过回归方程得到预测区间

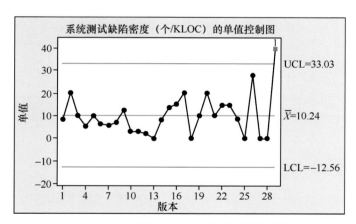

图18-15　系统测试缺陷密度的单值控制图

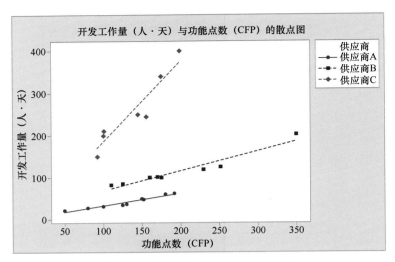

图 19-1　不同供应商的开发效率不同

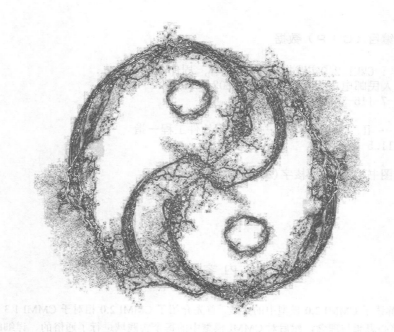

以道御术

——CMMI 2.0实践指南

任甲林 周伟 著

人民邮电出版社

北　京

图书在版编目（CIP）数据

以道御术：CMMI 2.0实践指南 / 任甲林，周伟著
. —— 北京：人民邮电出版社，2020.11（2024.6重印）
ISBN 978-7-115-54505-3

Ⅰ. ①以… Ⅱ. ①任… ②周… Ⅲ. ①软件工程—指
南 Ⅳ. ①TP311.5-62

中国版本图书馆CIP数据核字(2020)第132624号

内 容 提 要

本书系统解读了 CMMI 2.0 模型中的实践，首先介绍了 CMMI 2.0 相对于 CMMI 1.3 的变化，阐明了 CMMI 2.0 的核心思想与理念，然后对 CMMI 模型中的每个实践域进行了通俗的、详细的、案例化的解读，最后对敏捷方法与 CMMI 模型进行了系统化的对比分析，并提倡二者的互补融合。

本书对 CMMI 2.0 模型的解读通俗易懂、言简意赅，并给出了大量实际应用案例，可以帮助读者快速、准确地掌握模型的含义，并与自己的实际场景进行映射和结合，灵活实现模型的要求。

本书适合软件与硬件研发企业的中高层经理、项目经理、过程改进人员、质量管理人员、敏捷教练、咨询顾问以及研发人员等众多参与工程实践的人员阅读。

◆ 著　　　　任甲林　周　伟

　　责任编辑　陈冀康

　　责任印制　王　郁　焦志炜

◆ 人民邮电出版社出版发行　　北京市丰台区成寿寺路 11 号

　　邮编　100164　　电子邮件　315@ptpress.com.cn

　　网址　https://www.ptpress.com.cn

　　北京盛通印刷股份有限公司印刷

◆ 开本：800×1000　1/16　　　　　彩插：4

　　印张：16.25　　　　　　　　　　2020 年 11 月第 1 版

　　字数：314 千字　　　　　　　　2024 年 6 月北京第 9 次印刷

定价：69.00 元

读者服务热线：(010)81055410　印装质量热线：(010)81055316
反盗版热线：(010)81055315
广告经营许可证：京东市监广登字 20170147 号

作者简介

任甲林，麦哲思科技（北京）有限公司、上海艾纵企业管理咨询有限公司创始人，CMMI 高成熟度主任评估师、教员，CMMI 中国咨询委员会（CAC）成员，通用软件度量国际联盟（COSMIC）实践委员会、国际咨询委员会成员，COSMIC 中国分部主席，AgileCxO 研究所授权的敏捷性能合弄模型（APH）评估师、教员与教练，认证的 Scrum Master，大规模敏捷（SAFe）咨询顾问（SPC）。

从 1993 年到 2020 年，他积累了超过 25 年的软件工程经验，从程序员到项目经理、产品经理，再到研发总监，参与或管理过 50 多个项目。他于 2005 年开始从事软件过程改进工作，为 200 多家客户提供过咨询或培训服务。他在 2014 年出版了《术以载道——软件过程改进实践指南》一书，2019 年翻译了《软件项目估算》一书。

周伟，麦哲思科技（北京）有限公司咨询总监，CMMI 主任评估师，AgileCxO 研究所授权的敏捷性能合弄模型（APH）评估师、教员与教练，认证的 Scrum Master。

他从 2001 年到 2008 年，一直从事软件研发工作，经过 30 多个项目的洗礼，由程序员成长为开发组长、项目经理以及研发主管。他于 2009 年起，专职从事软件过程改进工作，迄今为止，已为百余家客户提供了咨询或培训服务。

业内推荐

本书作者在 CMMI 领域耕耘多年，具有丰富的理论及实践经验。在本书中，他们对多年的实践经验加以提炼，从与研发质量、项目管理、性能改进等有关的 20 个实践域对 CMMI 2.0 的模型深入浅出地加以阐释，这对于今天的互联网及企业的信息化，都具有很好的借鉴作用。比如在第 4 章中，作者对持续集成的论述与今天云计算 PaaS 中的 CI/CD 十分契合。对于在互联网行业及信息科技行业工作的读者来说，本书是值得阅读和学习的。

——国美控股集团首席技术官　黄彦林博士

本书没有空话套话，是作者及其团队多年一线咨询实施经验的心血结晶，还包含了目前国内一线优秀企业的众多实践，其中的每一个案例都值得去认真研读。

——广联达研发管理部总经理　张鹏峰

本书是对软件工程全面和实用的总结概括和实践指南。作者与时俱进，把很多实用的敏捷与 DevOps 实践也融入 CMMI 的框架中，形成完整的、强健的软件工程体系。

——敏捷、精益、DevOps 专家，汇丰科技基金服务软件负责人

《猎豹行动 硝烟中的敏捷转型之旅》作者　刘华

本书从思想、模型、过程、方案、治理等方面对 CMMI 2.0 进行了详细阐述，尤其强调了商业目标对过程改进的驱动作用，这对企业高层管理者来说是非常重要的。书中呈现了一个生动立体的模型，不仅有过程的框架，更有丰富的实践和案例。本书还将实践经验和自身思考深度结合，对 CMMI 与敏捷的本质进行了深入的剖析，这也是我最喜欢的部分。

——易果集团 CTO　宋华文

道为术之本，术为道之末。这本书以 CMMI 2.0 的实践域为主线，用通俗而详尽的语言，将 CMMI 2.0 模型中的道为何物、道为何理讲解得透彻明了。本书还是一本行动指南，凝聚了作者从业多年积累的宝贵知识和实践经验，对每个实践域的讲解都辅以"实践点睛"，用翔实的实践案例引导读者领悟 CMMI 之道。本书对于从事过程改进、项目管理、

质量管理的人员以及中高层领导者而言，是一本难得的佳作！

——大商所飞泰测试技术有限公司副总经理　孙瑞超

作者在 CMMI 领域深耕近三十年，致力于 CMMI 模型在中国软件研发行业的推广和实践，从而使企业实现业务目标。作者的坚持与无私分享，都凝聚在本书之中。无论你是管理者还是软件研发任何环节的从业者，这本书都值得阅读。

——中体彩彩票运营管理有限公司综合运营中心总监　李君

作者将"大道至简"重新以通俗而简练的方式阐述得"简而易解"，其中许多内容让我回想起作者在实施改进过程中讨论和分享的诸多实际案例，也进一步加深了作者及其团队在我心中"务实、公开、分享、共进"的印象。我相信本书也可作为组织培养各类软件技术人才的培训教材。改进之路漫漫，唯有不忘初心，方得始终，希望能与同读此书之人共勉！

——富德保险 IT 中心标准化管理高级经理　唐娜

本书不仅将研发管理的最新国际标准条分缕析，一一道明，告诉我们成熟的软件企业应该企及的高度，而且结合了作者多年一线咨询的实践经验，给出了提升研发管理的具体途径和技术。深入浅出，干货满满，的确是一本很实用的行动指南。

——中国移动子公司卓望信息研发中心副总监　刘咏亭

本书帮助我理清了新模型的框架和逻辑关系。本书延续了作者《术以载道——软件过程改进实践指南》一书的风格，详细案例多于干枯理论，丰富图表多于平白文字。每一个实践域对应一章，非常易于查阅。如果你的公司正准备做研发体系建设，或者体系版本要升级，那么无论你是高层领导，还是基层员工，都建议读一读这本书。你一定会收获颇丰。

——南京联通物联网　于春青

本书是一本对理解 CMMI 2.0 模型并在企业有效落地非常有帮助的参考书。作者用非常通俗的语言对 CMMI 2.0 的各个实践域进行了介绍，使读者可以更轻松地理解 CMMI 2.0 的精要，同时书中的大量案例不仅有助于读者对相关实践的理解，而且对实践的落地有很好的借鉴作用。

——南京林洋电力科技有限公司总经理　陆寒熹

这本书很好地从思想、术语、结构、过程域、评估方法等几个维度整理了 CMMI 新老两版之间的区别，思路清晰，让人一目了然，让我这种"懒人"也可以快速抓住重点。本书不仅对 CMMI 2.0 各个实践域进行了简单介绍，并且融入了大量的实例讲解，配合各类图表、检查单、脑图等，尽可能地还原真实的案例现场。无论是 CMMI 的布道者，还是敏捷的实践者，都可以从本书中有所收获。毕竟过级不是目的，能更好地提升组织效能才是终极目标。

——银联商务股份有限公司　舒艳华

过程改进，重在实践。技术发展以及认识和实践互相促进，推动软件过程改进方法和软件过程改进评估方法持续完善。本书从多角度描述了 CMMI 2.0 模型带来的新变化，深入浅出分析讲解了每个实践域的精髓，相信软件行业从业者和企业管理者都能够从此书中汲取精华、受益匪浅。

——航天信息副总经理　刘海法

本书是一部难得的极具实际指导价值的工具书。作者充分总结了企业的改进经验和案例，采用通俗易懂的语言对国际通用模型进行了详细解读，涵盖了软件组织落地实施 CMMI 框架的所有实践域，从中、高层经理到质量管理的各环节技术人员、从刚入行的新手到资深的专业人士，都能从中获得启发和指导。

——中创软件副董事长　程建平

本书秉承了作者一贯坚持的 CMMI 实效咨询的理念，深入浅出地全面解读了 CMMI-DEV 2.0 整体框架，使读者能系统地了解 CMMI 模型的思想脉络和内容模块；同时带领读者从目标和商业价值角度快速领悟各类能力域、实践域的意图和价值，感受 CMMI 模型的思想精髓和实践经典。

本书最精彩的部分是各章节的 CMMI “实践点睛”，作者结合二十年的过程改进咨询和评估经验、丰富的 CMMI 和敏捷教练经验，聚焦实践的疑难点，提炼了大量的企业最佳实践案例来具体阐述如何开展实践，从而帮助读者更准确地理解实践域的用意，以更好更灵活地在各自的组织中策划、设计和落实 CMMI 各项实践活动。强烈推荐本书给正准备学习和实施 CMMI 新模型的组织和人员。

——浙江中控技术股份有限公司研发中心总经理助理　陈敏华

CMMI 模型告诉你“做什么”，而没有告诉你“怎么做”。本书对 CMMI 的每个实践域给出了详细的解读，同时还给出了很多实际样例，架起了“做什么”和“怎么做”之间的桥梁。

——上海市规划和自然资源局信息中心副主任　汪一琛

从 88% 到 97%!

这是我和作者一起实施 CMMI 一年半的成果：故障变更通过率提升了 9 个百分点！这意味着重复返工显著减少了，意味着负责维护工作的人力成本将大大节省，意味着项目的开发测试周期将大大缩短。从事软件工作二十余年，我总结了一句话——“规规矩矩做软件”，这 9 个百分点的提升就是规规矩矩做软件最好的验证。

在创办华物信联之际，有幸拜读这本书，我更确信这将是软件团队不可多得的“红宝书”。

——华物信联创始人，原努比亚手机联合创始人　申世安本书阐述了作者对 CMMI 2.0 的深刻理解。本书结构清晰简洁，内容精彩丰富，有很高的实用价值。本书针对每一个实践域，从概述、实践列表、实践点睛、小结这 4 个方面进行生动的讲解，并描述大量真实的案例，帮助读者更好地理解每一个实践域的目的和价值。相信本书会给正在研究和学习 CMMI 2.0 的读者很多启发，促进更多人参与到切实有效的过程改进工作中，从而更好地针对目标进行改进。

——上海均瑜管理咨询有限公司总经理，TMMi 主任评估师，任亮

本书是对作者《术以载道——软件过程改进实践指南》一书的补充完善。前面的那本书"通过一些通俗的故事传递思想"，而本书则是"对 CMMI 2.0 如何结合企业的实际情况进行映射的解读"。建议读者兼备两书，对照阅读，一定会获益颇丰。

——厦门翔业集团信息部总经理助理　黄丽新

本书针对 CMMI 模型中的各个 PA（实践域）展开讨论，探讨 CMMI 2.0 框架下的过程改进。其中每个实践域中的案例是我最喜欢的部分。如果你不知道如何做好这个实践，看看案例；如果你对方向心存疑惑或者不解，看看小结中的点睛之笔。你会不自觉感叹作者帮你捅破了一层窗户纸。

——质量管理工程师　李响丽

这是一本值得学习和参考的 CMMI 2.0 实践点睛之书！本书不仅概要地描述了 CMMI 2.0 的变化，为 CMMI 2.0 升级和导入提供了参考指南，而且对 CMMI 2.0 模型实践进行了点睛注解，并提供了大量的真实的实践案例以方便读者理解。

这本书与企业实践应用相结合，立足于强化 CMMI 实践解读，让人耳目一新！相信此书能给大家带来更多启迪、思考和借鉴，以更好地帮助企业通过过程改进持续提升业务绩效、实现业务目标！

——CMMI 高成熟度主任评估师、讲师，
系统工程／规模化敏捷/DevOps/IPD 资深专家，CMMI 中国咨询委员会（CAC）成员　胡延军

很高兴看到作者及其团队根据多年的实践经验编写出版了这本书。作者根据多年来在软件过程改进方面的实施、咨询、评估等经验，用案例诠释 CMMI 2.0 的精髓，并为企业从 CMMI 1.3 平稳过渡到 CMMI 2.0 提供了一条有效的途径。

相信本书能帮助软件企业少走弯路，有效地实施软件过程改进，特别是其中的"实践点睛"部分，非常具有现实指导意义。

——资深 CMMI 主任评估师　余军安

序

2018 年 3 月，CMMI 研究院发布了 CMMI-DEV V2.0 模型。在 2019 年春节之前，已经有客户开始实施 CMMI 2.0，他们和我探讨了 CMMI 2.0 模型中的内容，在沟通、解释的过程中形成了一些文字记录。于是，我萌发了把每条实践都解读一下的想法。我给自己定了目标：在 2019 年春节期间完成 20 个实践域的解读工作。但在实际去做的时候，我发现没有那么容易，一是时间没有保证，二是我自己也需要对模型的某些描述进行反复阅读、提炼，并查阅资料。经过 2019 年春节期间的努力，我的这些解读终于形成了"白话 CMMI 2.0"系列博客文章。在博客文章中，我侧重于解释模型的含义，并没有给出更多实例；并且限于 CMMI 2.0 的版权，我仅仅列出了模型的实践，并没有给出对模型的详细描述，所有的通俗解读，也都基于我自己的理解，并非复制模型中的描述。有的实践很简单，所以就没有进行过多的解读；有的实践中有一些关键字眼不是很好理解，我就仅对这些关键字眼着重加以阐述。

2020 年春节期间，我请同事周伟、王新华、徐丹霞、刘晓峰帮我对"白话 CMMI 2.0"系列博客进行了补充完善，增加了更多咨询实例，以便于读者更直观地看到模型的每条实践和企业的实际做法之间的映射关系。经过这一轮的修订，终于形成了本书的初稿。在此过程中，周伟为本书的最终定稿付出了巨大的努力，使本书的内容更加丰满。

2020 年春节后，我又做了多次关于 CMMI 2.0 的培训，在培训过程中，我有意地将本书的初稿作为辅助教材，并请学员们提出一些修改意见。2020 年 5 月，我又结合自己在 CMMI 2.0 的评估与教学中的一些新的感悟，对书稿进行了进一步修订。

2014 年，我曾经出版了《术以载道——软件过程改进实践指南》一书，这本书对于如何实施过程改进、如何进行软件项目的质量管理提出了一些建议。现在看来，我的这两本书是互相补充的，可以结合在一起阅读。

与《术以载道——软件过程改进实践指南》一书的风格类似，我希望本书言简意赅、简单实用，能帮助读者在自己的场景中灵活运用 CMMI 2.0 模型。

任甲林

2020 年 6 月 22 日

前言

本书定位

与 CMMI-DEV V1.3 相比，CMMI-DEV V2.0 在理念与评估方法等方面都有显著变化，更加强调聚焦于业务目标进行改进，这也契合了麦哲思科技多年来的实效咨询理念。

本书是对 CMMI 2.0 如何结合企业的实际情况进行映射的详细解读，是落地实施 CMMI 2.0 的参考指南。本书总结了我们 10 多年来的实际经验，关注企业在实践中聚焦于业务目标而进行的改进，希望给大家提供在 CMMI V2.0 框架下的过程改进建议。

本书的目标读者

本书适合以下人员阅读：软件与硬件研发企业的中高层经理、项目经理、需求人员、过程改进人员、质量管理人员、咨询顾问、敏捷教练、开发人员、测试人员、培训专员、采购专员等等。

本书结构和建议的阅读顺序

本书的内容可以分为 3 个部分，共 22 章。

第一部分	第二部分	第三部分
快速理解 CMMI 2.0 相对于 CMMI 1.3 的变化	CMMI 2.0 各实践域的实践精讲	CMMI 与敏捷的关系
第 1 章	第 2～21 章	第 22 章

第 1 章从思想、术语、结构、过程域以及评估方法 5 个方面介绍了 CMMI 2.0 相对于 CMMI 1.3 的变化，可以让有 CMMI 基础的读者快速了解这些变化，也可以帮助没有

CMMI 基础的读者了解 CMMI 2.0 的结构。

第 2 ～ 21 章介绍了 CMMI-DEV V2.0 模型中的 20 个实践域，其中：

▶ 第 2 ～ 4 章是工程开发类的实践域；

▶ 第 5 ～ 7 章是质量类的实践域；

▶ 第 8 ～ 11 章是项目管理类的实践域；

▶ 第 12 ～ 14 章是支持类的实践域；

▶ 第 15 ～ 17 章是过程管理类的实践域；

▶ 第 18 章是定量管理的实践域；

▶ 第 19 章是采购管理的实践域；

▶ 第 20 ～ 21 章是固化体系执行类的实践域。

第 22 章从目标定位、思想焦点、核心理念、内容范围以及推广难度 5 个方面对 CMMI 与敏捷进行了对比分析，并提倡二者的互补融合。

对不同类型的读者，我们建议的阅读顺序如下表所示。

读者类型	建议重点阅读的章节
中高层经理	第1章、第20～22章
项目经理	第2～11章、第18、19、22章
需求分析人员	第2～6章
过程改进人员	第1、16、17章、第18～22章
质量管理人员	第5～7章、第18章
咨询顾问	通读全书
敏捷教练	第1章、第20～22章
开发人员	第2～4章、第22章
测试人员	第5、6、18章
培训专员	第15、18章
采购人员	第18、19章

致谢

感谢麦哲思科技的客户，多年来他们实实在在地进行实效改进，为本书提供了大量的案例。

感谢徐丹霞、姜红梅、郭玲、曾巧、刘晓峰、徐斌、王新华、葛梅、田丽娃、吕英杰、王敬华、赵红星、陈正思、罗振宇等同事，他们给笔者提供了很多在咨询过程中的经验教训和案例，在本书编写过程提出了大量修改意见。本书是我们 10 多位顾问集体经验的总结。

感谢卓望信息研发中心的副总监刘咏亭先生，在本书校稿过程中提出了 150 多处修改意见！

本书谨献给那些在中国过程改进领域不断探索、持续改进、真抓实干的人们！

意见反馈

受到作者视野的局限，本书难免会存有疏漏之处，请大家不吝赐教。如果您对本书有任何疑问，可以加入过程改进之道的 QQ 群（133986886）与作者进行讨论，也可以直接发邮件到 renjialin@measures.net.cn。

资源与支持

本书由异步社区出品，社区（https://www.epubit.com/）为您提供相关资源和后续服务。

提交勘误

作者和编辑尽最大努力来确保书中内容的准确性，但难免会存在疏漏。欢迎您将发现的问题反馈给我们，帮助我们提升图书的质量。

当您发现错误时，请登录异步社区，按书名搜索，进入本书页面，点击"提交勘误"，输入勘误信息，点击"提交"按钮即可（见下图）。本书的作者和编辑会对您提交的勘误进行审核，确认并接受后，您将获赠异步社区的 100 积分。积分可用于在异步社区兑换优惠券、样书或奖品。

详细信息	写书评	提交勘误

页码：　　　　　页内位置（行数）：　　　　　勘误印次：

B I U ABC ≔ ▾ ≡ ▾ " ↺ 🖼 ⊟

字数统计

提交

扫码关注本书

扫描下方二维码，您将会在异步社区微信服务号中看到本书信息及相关的服务提示。

与我们联系

我们的联系邮箱是 contact@epubit.com.cn。

如果您对本书有任何疑问或建议，请您发邮件给我们，并请在邮件标题中注明本书书名，以便我们更高效地做出反馈。

如果您有兴趣出版图书、录制教学视频，或者参与图书翻译、技术审校等工作，可以发邮件给我们；有意出版图书的作者也可以到异步社区在线投稿（直接访问 www.epubit.com/contribute 即可）。

如果您来自学校、培训机构或企业，想批量购买本书或异步社区出版的其他图书，也可以发邮件给我们。

如果您在网上发现有针对异步社区出品图书的各种形式的盗版行为，包括对图书全部或部分内容的非授权传播，请您将怀疑有侵权行为的链接发邮件给我们。您的这一举动是对作者权益的保护，也是我们持续为您提供有价值的内容的动力之源。

关于异步社区和异步图书

"异步社区"是人民邮电出版社旗下 IT 专业图书社区，致力于出版精品 IT 图书和相关学习产品，为作译者提供优质出版服务。异步社区创办于 2015 年 8 月，提供大量精品 IT 图书和电子书，以及高品质技术文章和视频课程。更多详情请访问异步社区官网 https://www.epubit.com。

"异步图书"是由异步社区编辑团队策划出版的精品 IT 专业图书的品牌，依托于人民邮电出版社近 30 年的计算机图书出版积累和专业编辑团队，相关图书在封面上印有异步图书的 LOGO。异步图书的出版领域包括软件开发、大数据、AI、测试、前端、网络技术等。

异步社区

微信服务号

目　录

第 1 章

CMMI–DEV V2.0 的变化

2018 年 3 月 28 日，CMMI 研究院正式发布了 CMMI 2.0，这是 CMMI 研究院从卡内基梅隆大学剥离出来，归并入国际信息系统审计协会（Information Systems Audit and Control Association，ISACA）之后的第一次版本更新，自 2011 年 11 月 SEI 发布 CMMI 1.3 之后，已经 7 年没有更新版本了。在这 7 年中，Scrum、极限编程、精益看板方法、SAFe、DevOps、LeSS 等各种敏捷方法百花齐放，快速流行，极大地丰富了软件组织将 CMMI 框架落地实施的方法。根据 CMMI 研究所的统计（见图 1-1），2017 年有 82% 的 CMMI 评估组织使用了敏捷方法。CMMI 1.3 的评估次数最近几年也在快速增长，2019 年在全球的评估次数达到了 3377（见图 1-1），其中，我国占比 70%。

图 1-1　2010 年到 2019 年全球 CMMI 评估次数的变化趋势

那么从 CMMI 1.3 更新到 CMMI 2.0 究竟有哪些变化呢？

1.1　思想的变化

首先是关于思想的变化或强化，之所以可以称为强化，是因为这些思想在之前的版本里也有，但是并没有像在 2.0 版本里那么明确强调。

1. 进一步强调业务目标对过程改进的驱动作用

在 CMMI 1.3 中，只在第 5 级中强调了围绕业务目标进行过程改进，但是在 2.0 版本中，无论哪个等级都强调了围绕业务目标进行过程改进，这是 2.0 版本的一个基本思想，也是过程改进的本质。每个实践域有目的、有价值，每个实践有实践描述，也有实践的价值，这都是围绕业务目标进行改进的体现。

2. 要通过性能变化衡量改进效果

是否围绕业务目标进行改进，要体现在组织级的性能变化上，要通过度量数据体现出来，而不能仅仅是主观的判断。在 CMMI 2.0 的评估方法中，每次评估都要提交组织的性能报告，要通过定量的数据说明组织级性能的变化。

3. 高层经理对过程改进参与情况的具体化描述

在 CMMI 1.3 中，高层经理对过程改进、项目管理的参与是通过共性实践来体现的，而 CMMI 2.0 将高层需要参与的活动提炼为 GOV 实践域，进一步强调高层参与过程改进的重要性。

4. 员工的行为要固化为工作习惯

确保过程发挥作用，需要体现在具体的工作人员按照过程要求在实践中切实执行，即使在面临工期压力的情况下，也不能放弃。从混乱到规范，从有意识到养成习惯。最高的境界就是体系规范的执行深入到每个人的意识中，本能地按照规范做事情。

在组织内进行过程改进时，过程的固化通常会经历图 1-2 所示的 4 个阶段。

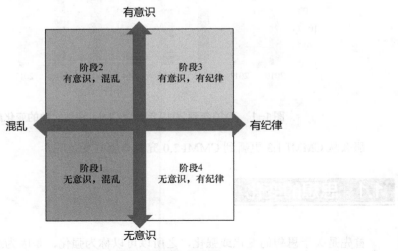

图 1-2　过程纪律的 4 个阶段

▶ 阶段 1：没有意识，也没有纪律约束。

▶ 阶段 2：有意识，但是没有纪律约束。

▶ 阶段 3：有意识，有纪律约束。需要刻意去遵守纪律。

▶ 阶段 4：不用刻意去遵守纪律，已经把遵守纪律养成习惯，与日常行为融为一体了。

5. 过程灵活映射到模型

CMMI 模型中的实践定义了"做什么"，而"怎么做"是由每个组织自己定义的，并且要紧紧围绕着组织的业务目标来定义。在能满足组织级的业务目标后，再来判断是否可以将组织的"怎么做"映射到 CMMI 模型的"做什么"。"怎么做"可以有很多不同的做法，相当灵活。软件组织执行的一系列过程并不是生搬硬套模型，正相反，模型恰恰是为组织过程服务的。

6. 随机抽样检查有助于过程固化

按照 CMMI 2.0 评估方法的要求，所有参与评估的项目应该是随机抽样的，在 CMMI 1.3 的评估方法中，所有参与评估的项目是由主任评估师与评估的出资人协商确定的，而在 CMMI 2.0 中，则是由被评估的组织上报所有可能的参评项目，由 CMMI 研究所的评估系统自动随机抽取参评项目。这种抽样方法的变化，重点在于要求企业真正能够将自己的体系推广到每个项目，而不是仅仅在参评项目中按照规范的方法做事情。

1.2　关键术语的变化

1. 过程域（process area）修改为实践域（practice area），简写仍然是 PA

当提到过程的概念时，过程中的活动之间是有先后顺序关系的，但是其实 CMMI 模型中的实践之间是没有顺序关系的，修改为实践域则避免了这个误解。

2. 新增能力域的概念

在模型中对能力域有一个正式的定义：

A capability area (CA) is a group of related practice areas that can provide improved performance in the skills and activities of an organization or project. A capability area view is a subset of the CMMI 2.0 model that describes a predefined set of practice areas that make up a specific capability area. Capability areas are a type of a view.

通俗地讲，能力域就是针对组织要解决的特定问题的一组相关实践域。能力域的名字就是针对要解决的问题的一种概括描述。CMMI V2.0 的能力域有：确保质量、设计和开发产品、交付与管理服务、选择和管理供应商、规划并管理工作、管理业务弹性、管理员工、支持实施、维持惯性和持久性、改进性能等。

在 CMMI 2.0 中，能力域类型、能力域与实践域的对应关系如图 1-3 所示（见文前彩插）。

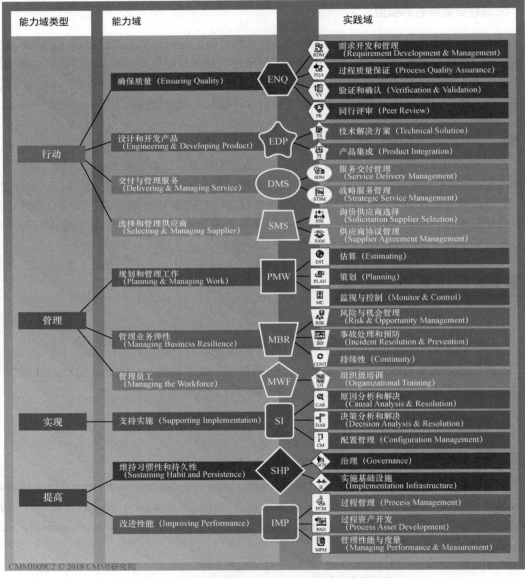

CMMI009C2 © 2018 CMMI研究院

图1-3　能力域类型-能力域-实践域对应关系图

3. 过程域类型修改为能力域类型

在 CMMI 1.3 的连续式表示方法中，将过程域分为了 4 种类型：工程类、项目管理类、支持类以及过程管理类。而 CMMI 2.0 中的能力域归为 4 类，称为能力域类型，即：行动（doing）、管理（managing）、实现（enabling）、提高（improving）。可以将两种分类方法做一个近似对等映射，即：

▶ 工程类→行动；

▶ 项目管理类→管理；

▶ 支持类→实现；

▶ 过程管理类→提高。

4. 新增视图（view）概念

视图是由最终用户选择的或 CMMI 研究所预定义的、对模型的最终用户很重要的一组实践域及实践组的集合。

CMMI 研究所预定义的视图有：

▶ CMMI Development V2.0；

▶ CMMI Service V2.0；

▶ CMMI Supplier Management V2.0；

▶ CMMI Planning and Managing Work Capability Area。

最终用户选择的视图如：

▶ CMMI-DEV V2.0 和 CMMI-SVC 2.0；

▶ 其他任意的实践域或能力域或实践组的组合。

图 1-4 是 CMMI-DEV 2.0 的 2 级预定义视图，有 10 个实践域满足了第 1 级和第 2 级的实践（见文前彩插）。

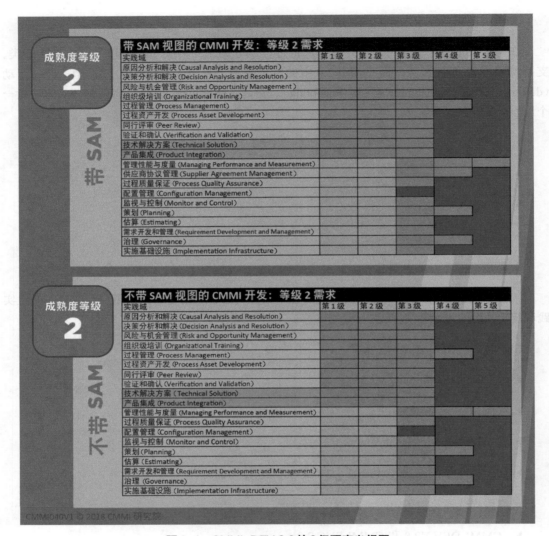

图 1-4　CMMI-DEV 2.0 的 2 级预定义视图

CMMI-DEV 2.0 的 3 级预定义视图如图 1-5 所示（见文前彩插）。

在 3 级预定义视图中，20 个实践域都包含了。SAM 和 CMMI 1.3 一样，是唯一一个可以排除在外的实践域。

预定义视图的评估等级称为成熟度等级，最高为第 5 级。自定义视图的评估等级称为能力等级，最高等级为第 3 级。评估自定义视图时必须包含治理（Governance，GOV）与实施基础设施（Implementation Infrastructure，II）这 2 个实践域。

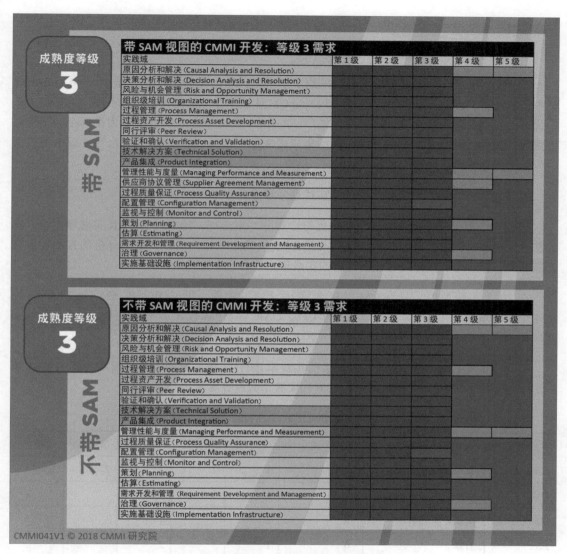

图1-5　CMMI-DEV 2.0的3级预定义视图

1.3　结构与描述方式的变化

1. 采用平实的语言描述

2.0版本的模型尽量采用平实的语言进行描述，通俗易懂，还原最初CMM模型的描述风格，更加易于理解和学习，对模型的英文原文进行词频统计，发现仅有 3500 多个单词。

2. 整合了 People CMM 等多个模型

除了 CMMI 1.3 中的开发、服务、采购 3 个系列仍然包含在 CMMI 模型中，2.0 版本的模型中还集成了 People CMM 模型。虽然 People CMM 模型在全球的评估次数不多，但是作为一个优秀的人力资源管理模型，仍然值得推广，People CMM 模型在企业的能力提升中同样扮演着重要的角色，所以将 People CMM 模型集成进来是一个明智的决策！另外，2.0 版本的模型中包含了关于安全与保密的实践域。

3. 不再对实践域划分等级，而是对实践划分等级

这是一个很显著的变化，这个变化更符合实际、更合理。比如对于 CAR 实践域而言，第 3 级的企业也应该执行原因分析，只是与第 4、5 级的企业相比，进行原因分析的方法手段有差别而已。在一个实践域中，相同等级的实践集合称为一个实践组。

在 20 个实践域中，只有 CM 仅包含第 1、2 级的实践，而 GOV、PLAN、PCM 和 SAM 这 4 个实践域包含了第 1、2、3、4 级的实践，CAR 与 MPM 包含了 5 个等级的实践，其他实践域都包含了第 1、2、3 级的实践。

第 2 级的实践累计有 79 条，第 3 级的实践累计有 73 条，第 4 级的实践累计有 11 条，第 5 级的实践累计有 4 条。CMMI-DEV V2.0 的实践个数统计参见表 1-1。

表 1-1　CMMI-DEV V2.0 实践个数统计表

实践域简写	实践域名称	实践个数小计	第1级	第2级	第3级	第4级	第5级
CAR	原因分析和解决	11	1	2	5	2	1
CM	配置管理	7	1	6			
DAR	决策分析和解决	8	2	5	1		
EST	估算	6	1	3	2		
GOV	治理	8	1	4	2	1	
II	实施基础设施	6	1	2	3		
MPM	管理性能与度量	22	2	6	6	5	3
MC	监视与控制	10	2	4	4		
OT	组织级培训	9	1	2	6		
PR	同行评审	6	1	4	1		

续表

实践域简写	实践域名称	实践个数小计	第1级	第2级	第3级	第4级	第5级
PLAN	策划	15	2	8	4	1	
PAD	过程资产开发	11	1	3	7		
PCM	过程管理	12	3	2	6	1	
PQA	过程质量保证	6	1	4	1		
PI	产品集成	10	1	6	3		
RDM	需求开发和管理	14	1	6	7		
RSK	风险与机会管理	8	1	2	5		
SAM	供应商协议管理	10	3	4	2	1	
TS	技术解决方案	10	1	3	6		
VV	验证和确认	7	2	3	2		
合计		196	29	79	73	11	4

4. 过程域的目的修改为实践域的意图与价值

过程域的目的描述了该实践域期望的输出结果。实践域的价值描述了通过实施该实践域的实践所实现的业务价值，即收益。这个变化更强调了模型的实施要聚焦于为组织带来商业利益，提升企业的业务能力。

5. 为每个实践域、每个能力域设计了图标

为了便于模型的理解、记忆与推广，每个实践域、每个能力域都有自己的图标，这些图标简单易记，很形象，有助于理解模型的含义。

6. 不再区分特定实践与共性实践

所有的共性实践被整合到 2 个实践域中，即 GOV 与 II。GOV 描述了高级管理者在过程改进、过程实施中需要做的活动。II 描述了过程改进、过程实施所需的基础设施。这 2 个实践域都是为了确保过程规范能够在组织中固化为习惯。

7. 区分了内核信息与特定场景内容

每个实践域都分解为一个共通描述章节（内核信息）与可适用的特定场景描述章节，目前提供了针对 Scrum 的特定场景描述，以后还会灵活增加其他特定场景内容。

8. 模型展示工具的变化

CMMI 研究院提供了模型的在线展示工具，可以在线查阅模型，也可以下载 pdf 格式的模型供个人使用。主任评估师与教员可以全年使用该工具，对于接受 Intro 课程培训的学员，则提供了 7 天的时间窗口。下载的模型中印有学员的账号信息，不经过 CMMI 研究所授权的非法传播都是被禁止的。

1.4　过程域的变化

CMMI-DEV V1.3 中有 22 个过程域，而目前发布的 CMMI-DEV V2.0 中有 20 个实践域。其中有些实践域保留了原来的名字，如 CAR、CM、DAR、OT、PI 和 SAM 等；有些实践域对名字做了微调，如 MC、PLAN、PAD、RSK 和 PQA 等；有些实践域是新增或者剥离出来的，如 EST、PR、GOV 和 II 等；有些实践域则由原来的多个过程域合并而来，如 MPM、RDM 和 VV。2.0 版本与 1.3 版本的映射参见表 1-2。

表1-2　CMMI-DEV V2.0的实践域与CMMI-DEV V1.3的过程域的映射

CMMI-DEV V2.0 的实践域	CMMI-DEV V1.3 的过程域	备注
CAR	CAR	
CM	CM	
DAR	DAR	
EST		新增实践域，从PP中剥离出来
GOV		定义了公司高层经理的活动，来自于1.3版本的共性实践
II		来自于1.3版本的共性实践
MPM	MA	所有定量管理的实践都合并到MPM中
	QPM	
	OPP	
	OPM	
MC	PMC	风险跟踪的实践剥离到RSK中；IPM中有关跟踪的实践汇总到本实践域，如管理关键依赖、环境等；里程碑评审不再出现在实践名字中
OT	OT	
PR		新增实践域，从VER中剥离出来

续表

CMMI-DEV V2.0 的实践域	CMMI-DEV V1.3 的过程域	备注
PLAN	PP	名称做了修改； 估算的实践剥离成为一个单独的实践域（EST）； 数据管理的实践剥离到 CM 中； 风险管理的实践剥离到 RSK 中； IPM 中与策划有关的实践汇总到本实践域； 增加对移交活动的计划
PAD	OPD	名称做了修改； 删除了建立团队运作规则指南的实践
PCM	OPF	名称做了修改，有些实践来自于 OPM
PQA	PPQA	名称做了修改
PI	PI	
RDM	RD	所有的需求工程实践都合并到 RDM 中
	REQM	
RSK	RSKM	RSK 是风险与机会管理，增加了机会管理
SAM	SAM	
TS	TS	
VV	VER	合并为 VV。同行评审独立成为一个实践域（PR）
	VAL	
PLAN	IPM	IPM 拆分到 PLAN 和 MC 中
MC		

1.5　评估方法的变化

1. 抽样规则发生变化

这是评估方法中最显著的变化。通过提前 60 天由系统自动随机抽样参评的项目，确保了抽样的代表性，更能客观地考察组织是否达到了 CMMI 的某个等级，同时也降低了企业为了获得证书而临时编制证据的可能性。

例如某公司划分了两类管理流程不同的项目，合计有 7 个项目适合参与评估。有一个项目刚刚启动，有些实践还未做，对应的实践域标注为了 NY（not yet）。将项目的基本信息输入CMMI 的随机抽样系统中之后，7 个项目全部都要提供证据，但是不同的项目覆盖的实践域不同，详细抽样结果参见表 1-3（见文前彩插）。主任评估师可以和评估的出资人协商增加某些项目的覆盖或者在同一类项目中进行实践域覆盖的替换。

表 1-3 随机抽样结果案例

类型	项目	EDP		ENQ				IMP			MBR	MWF	PMW			SI		
		PI	TS	PQA	PR	RDM	VV	MPM	PAD	PCM	RSK	OT	EST	MC	PLAN	CAR	CM	DAR
类型 1	项目 1	SE	SE	SE	RS	SE	RS	SE	SI	SI	SE	SI	SE	SE	SE	RS	SE	SE
类型 1	项目 2	RS	SE	SE	SE	SE	SE	SE	SI	SI	SE	SI	RS	ADD	RS	SE	SE	RS
类型 2	项目 3	SE	SE	SE	SE	SUB	SE	SE	SI	SI	SE	SI	SE	SE	SE	SE	RS	SE
类型 2	项目 4	SE	RS	SE	SE	SE	SE	SE	SI	SI	SE	SI	SE	SE	SE	SE	SE	SE
类型 2	项目 5	SE	SE	RS	SE	SUB	SE	SE	SI	SI	SE	SI	SE	SE	SE	SE	SE	SE
类型 2	项目 6	NY	SE	SE	SE	SE	NY	SE	SI	SI	RS	SI	SE	SE	SE	SE	SE	SE
类型 2	项目 7	SE	SE	SE	SE	SE	SE	RS	SI	SI	SE	SI	SE	RS	SE	SE	SE	SE
	CM	SI	SI	SI	SI	SI	SI	SI	SI	SI	SI	SI	SI	SI	SI	SI	RS	SI
	EPG	SI	SI	SI	SI	SI	SI	RS	RS	RS	SI	SI	SI	SI	SI	RS	SI	SI
	PPQA & MA	SI	SI	RS	SI	SI	SI	RS	SI	SI	SI	SI	SI	SI	SI	SI	SI	SI
	Testing	SI	SI	SI	SI	SI	RS	SI	SI	SI	SI	SI	SI	SI	SI	SI	SI	SI
	Training	SI	SI	SI	SI	SI	SI	SI	SI	SI	RS	SI	SI	SI	SI	SI	SI	SI

表 1-3 的图例说明参见表 1-4（见文前彩插）。

表 1-4 随机抽样图例说明

颜色	英文含义与简写	中文含义
	Sample Eligible (SE)	适合抽样
	Sample Ineligible (SI)	不适合抽样
	Not Yet (NY)	尚未
	Randomly Sampled (RS)	随机抽样
	Added PA (ADD)	增加的实践域
	Substituted From (SUB)	替换自
	Substituted To (SUB)	替换为

2. 新增了维持性评估

在 1.3 版本中，区分了 Class A、Class B、Class C 3 种不同严格程度的评估，而在 2.0 版本中，则区分为了基准评估（benchmark appraisal）、维持性评估（sustainment appraisal）、评价评估（evaluation appraisal）以及行动计划复评（action plan reappraisal）。其中基准评估类似原来的 Class A 评估，有效期仍然是 3 年。评价评估可以映射为原来的 Class B、Class C 评估，而行动计划复评也是原来 1.3 版本的评估方法所有的。变化比较大的是维持性评估，维持性评估的要点如下。

（1）维持性评估最少需要 2 名评估员，包含评估师。

（2）有效期为 2 年。

（3）1/3 的实践域要深入分析，其他可以概要分析。如果是高成熟度的评估，则包含高成熟度实践的实践域是一定要深入分析的。

（4）评估时对上一次评估发现的弱项（实践）要进行考察。比如某个实践有弱项，则下次维持性评估时，该实践要深入分析。这是在 1/3 深入分析的实践域之外附加的。

（5）最多可以连续做 3 次维持性评估。即第 1 次做基准评估，第 2、3、4 次可以做维持性评估。第 5 次就必须做基准评估了。

（6）最新的维持性评估结论将替代上次评估的结论。如果上一次评估的到期日是 2022 年 5 月 1 日，成熟度等级是第 3 级，而该组织在 2022 年的 1 月 1 日完成了一次维持性评估，评级为成熟度等级第 2 级，则该组织的等级就是第 2 级，原来的第 3 级结论作废。

（7）最新的维持性评估将中止上次评估的有效期。如果上一次评估的到期日是 2022 年 5 月 1 日，该组织在 2022 年的 1 月 1 日完成了一次维持性评估，则该组织的评估有效期就是 2024 年的 1 月 1 日。

（8）维持性评估的等级不能比上一次评估的等级更高。即如果上一次评估是第 3 级，则维持性评估不能是第 4、5 级。如果要评第 4、5 级，必须是基准评估。

（9）满足了以下条件才可以做维持性评估。

（i）抽样因子类型和上一次评估相同或是其子集。

（ii）抽样因子取值和上一次评估相同或是其子集。

（iii）评估的单位不变或是上一次评估的子集。

（iv）至少有一个项目是上一次评估延续过来的。

（v）模型范围和上一次评估一样或更小。

如果成熟度等级原来是第 3 级，维持性评估可以是第 2 级或第 3 级；如果原来评估了 SAM，维持性评估也要评估 SAM；如果原来对 10 个实践域评价能力等级，维持性评估可以减少几个实践域。

4 种类型的评估对比可以参见表 1-5。

表 1-5　4 种类型的评估对比

评估类型	评估团队规模（人）	有效期	评级	成本	目的	备注
基准评估	4+	3 年	是	最高	使用预定义视图或自定义视图生成正式评估结论	
维持性评估	2+	2 年	是	较少	验证先前评估的连续性	不能用于升级评估；必须符合维持性评估的资格要求
行动计划复评（APR）	与导致 APR 的评估相同	与导致 APR 的评估相同	是	是对基准评估或维持性评估的追加成本	对基准评估或维持性评估未通过的实践域进行复评	需要经过 CMMI 研究院的认可；上次评估结束后 4 个月内完成
评价评估	1+	无	无	最少	检查与模型的一致性；识别改进点	

3. 一次评估可以包含多个视图

每个组织在评估时，可以选择 CMMI 研究所预定义的视图，也可以自定义视图。自定义视图时，可以自由组合预定义的视图，也可以自己选择实践域组合视图。评估选择的视图是针对组织的业务目标而来的，也是针对组织的业务能力而来的。这种自由组合的视图，更有针对性，同时也降低了组织的评估成本。

4. 每次评估要提交性能报告

性能报告是一组度量数据，是由被评估组织自定义的、展示组织的过程能力的数据，这组数据并非由 CMMI 研究所指定，不会被公开，不会被用于横向比较各个组织的差别，也不会被用来评价被评估组织的能力高低，仅仅是提供给出资人的数据。帮助出资人客观了解过程改进带来的组织性能的变化，并提醒出资人要通过定量数据关注组织的能力变化。

性能报告中主要包含了如下信息：

▶　组织的业务目标；

▶　组织的度量与性能目标或质量与过程性能目标；

- ▶ 目标对应的度量定义、具体数值；

- ▶ 目标的适用范围；

- ▶ 目标之间的关联关系；

- ▶ 过程性能基线与模型；

- ▶ 影响目标达成的原因、关键成功因子；

- ▶ 达成目标的措施有哪些；

- ▶ 这些措施的实际效果对比分析；

- ▶ 与 CMMI 模型的对应关系；

- ▶ 与本次评估发现的对应关系。

性能报告在评估结论报告时必须给出资人进行汇报，它是对目标驱动的过程改进效果的结构化梳理，提醒管理者、过程改进人员、评估组成员以及评估师要紧紧围绕业务目标实施改进行动。

5. 评估组成员要通过认证考试

在 1.3 版本的评估方法中，只要求评估组成员（Appraisal Team Member，ATM）接受了 *Introduction to CMMI* 的培训和评估方法的培训，在 2.0 版本中要求 ATM 成员在完成两天的模型基础课程后要通过 Associate 认证考试，督促 ATM 真正学习并掌握 CMMI 模型，理解 CMMI 模型的要求，能够和被评估组织的实际做法建立一个有效的映射，从而保证评估的价值。而后 ATM 还要再参加一天关于构建卓越能力的培训课程。高成熟度的 ATM 还必须参加一天的高成熟概念的培训。成为 CMMI 2.0 ATM 的路线图如图 1-6 所示。

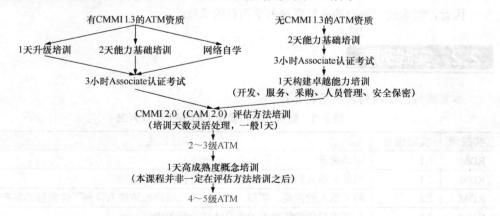

图 1-6 成为 CMMI 2.0 ATM 的路线图

第 2 章

需求开发和管理（RDM）

2.1 概述

需求开发和管理（Requirement Development and Management，RDM）合并了 CMMI 1.3 的 RD 与 REQM 两个过程域。它覆盖了需求获取、需求分析、需求描述、需求验证和确认、需求管理这 5 个需求工程的活动。

Standish Group 对 23000 个项目的研究结果表明，近 45% 的项目因为需求的问题而最终失败，而导致项目失败最重要的 8 大原因中，有 5 个原因与需求相关：

- ▶ 不完整的需求（13.1%）；
- ▶ 缺乏用户的介入（12.4%）；
- ▶ 不实际的客户期望（9.9%）；
- ▶ 需求和规范的变更（8.7%）；
- ▶ 提供了不再需要的功能（7.5%）。

因此，需求过程能力的高低直接关乎项目的成败。

2.2 实践列表

本实践域的实践列表参见表 2-1。

表 2-1　需求开发和管理（RDM）实践列表

实践域	实践编号	实践描述
RDM	1.1	记录需求
RDM	2.1	引导干系人的需要、期望、约束、接口或连接
RDM	2.2	将干系人的需要、期望、约束、接口或连接转换为排列了优先级的客户需求
RDM	2.3	与需求提供者就需求的含义达成一致的理解

实践域	实践编号	实践描述
RDM	2.4	从项目的参与者处获得他们对需求可实现的承诺
RDM	2.5	建立、记录、维护需求与活动或工作产品之间的双向可跟踪性
RDM	2.6	确保计划与活动或工作产品与需求保持一致
RDM	3.1	开发解决方案及其构件的需求并保持更新
RDM	3.2	定义操作概念和场景
RDM	3.3	分配待实现的需求
RDM	3.4	识别、定义接口或连接需求并保持更新
RDM	3.5	确保需求是必要的和充分的
RDM	3.6	平衡干系人的需求和约束
RDM	3.7	确认需求以确保最终的解决方案可以在目标环境中按照预期运行

2.3　实践点睛

RDM 1.1　记录需求

需求必须文档化，需求不能是传说。

文字描述、需求列表、界面原型等都是需求文档化的常见形式。

可以用一份文档描述需求，也可以区分客户需求文档与需求规格说明书等多份文档来描述需求。

在传统的开发方法中可以采用 IPO（输入－处理－输出）、用例等方式描述需求，在敏捷的方法可以用用户故事描述需求。

RDM 2.1　引导干系人的需要、期望、约束、接口或连接

在 CMMI 2.0 模型中，除了 GOV 实践域，其他实践域的实践描述都没有主语，在组织中实现模型时，可以根据自己组织的实际情况分配责任人。在需求获取时，一般是产品经理、产品负责人（product owner，PO）、需求工程师、系统工程师或项目经理等角色负责引导、获取需求。这些角色应该有领域经验和需求工程的经验，掌握了需求获取的技术，否则无法引导客户提出真正的需求。

引导意味着需求分析人员要启发需求提供者提出自己的真实需求，要有引导的手段，如：

▶　头脑风暴；

▶　访谈会议；

- ▶ 原型法；

- ▶ 现场观摩；

- ▶ 问卷调查；

- ▶ 需求工作坊；

- ▶ 影响地图；

- ▶ 用户故事地图；

……

可以从以下多个维度识别干系人。

- ▶ 客户、最终用户、间接用户。客户是花钱购买系统的人，如银行的科技部、高层经理等。最终用户是真正使用系统的人，如银行的柜员等业务人员。间接用户既不出资也不使用产品，但是他会对系统能否上市有影响力，如银行监管机构等。

- ▶ 高层、中层、底层的人。高层提出目标层的需求，即系统要解决的问题、当前的痛点、系统的业务目标等。中层提出业务层的需求，即系统要覆盖的业务有哪些。底层提出操作层的需求，即具体的功能需求、易用性需求等。

- ▶ 内部客户与外部客户。内部客户是开发方的人员，如百度提供的搜索功能要能够竞价排名，这就是内部人员为了商业利益提出的需求。外部客户是开发方以外的人员，如作为搜索用户，我们希望搜索网站能够检索到最符合我们需求的信息。内外部客户的需求是不同的。

- ▶ 系统生命周期各个阶段的干系人。系统的策划、开发、测试、部署、推广、运维等各个阶段的干系人的需求也是不同的。

【案例】识别需求提供者的策略

　　某客户将自己公司的产品划分为两大类：成熟产品与新产品，针对不同类型的产品需求获取时要访谈哪些角色，定义了表2-2所示的策略。

表2-2　识别需求提供者的策略

用户代表	成熟产品	新产品
系统测试部	✓	
工程部门售前人员	✓	✓

续表

用户代表	成熟产品	新产品
售后服务人员	✓	
销售人员	✓	
最终用户	少	✓
对手		✓
访谈角色要求	至少访谈两类人	

干系人识别不全，会导致需求的遗漏，比如某管理信息系统上线后，客户希望提报的申请在审批不通过时直接退回，研发最初选择的技术框架不支持该流程，增加此功能花费了一个月。对此问题追根溯源后，发现主要原因是在需求调研阶段只识别了提报申请的部门参与调研，遗漏了该业务流程涉及的其他干系人。

在需求获取时，要捕获如下 4 类需求。

▶ 需要：必需的、不可裁减的需求。

▶ 期望：最好能实现、越多越好、可以裁减的需求。

▶ 约束：实现需求与期望的前提条件，可能是技术的、管理的、商务的、环境的限制。

▶ 接口或连接：系统与其他设备、系统之间的衔接关系，任何一个系统都不是孤立存在的！

以某车载导航系统为例：

▶ 目的地定位与导航是需要的；

▶ 使用某名人的语音进行播报是期望的；

▶ 该系统的实现技术、上线日期以及嵌入式环境下的可用资源限制是多种约束；

▶ 该系统还会存在与其他设备、系统的软硬件接口。

我总结了需求获取的 4 个原则供大家参考，以提高需求获取的质量，如图 2-1 所示。

需求获取时要有主线。这样才能让需求提供者高效地、系统地提出自己的需求。

Gojko Adzic 的《影响地图：让软件产生真正的影响力》一书提出了以 "Why-Who-How-What" 为主线来获取需求：

▶ Why 即系统的业务目标，也就是系统要解决的问题；

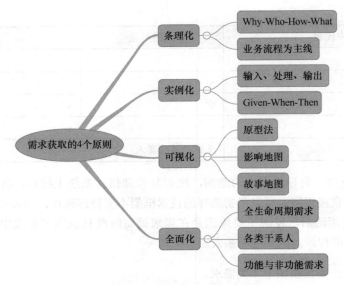

图2-1 需求获取的4个原则

▸ Who 即哪些人可以影响目标的达成；

▸ How 即这些人的哪些行为影响了目标的达成；

▸ What 即系统提供了哪些功能可以帮助这些人的行为来达成系统目标。

这是一种聚焦于系统目标的需求识别的方法，可以减少无用的功能，最大限度地提高系统的投入产出比。

以业务流程为主线，了解客户的业务是如何处理的，然后从中识别出需要系统完成的功能，是客户比较容易接受的方法，因为客户最了解自己的业务，能够从业务的开始到业务结束，以时间为主线将业务梳理清楚。用户故事地图与此思考方式类似。

用户故事地图是所有用户故事的全景图，可以让我们从总体上了解系统的完整需求。它是一个二维图，以时间线为横轴，以优先级为纵轴，基于横轴的用户业务活动识别用户故事，再对用户故事划分优先级，定义出每次发布的内容，图 2-2 给出了一个咨询项目管理系统的用户故事地图案例。

为了把需求沟通得更清晰透彻，在传统的需求工程方法中采用"输入－处理－输出"或用例的方式来描述沟通需求，即描述清楚需求的输入、输出是什么，如何从输入转换为输出，人机交互的动作序列是什么。在敏捷的方法中，每个用户故事都要沟通清楚其验收准则，通常采用"Given-When-Then"（给出－当－那么）的方式来描述，如下所示。

【案例】咨询项目管理系统的用户故事地图案例

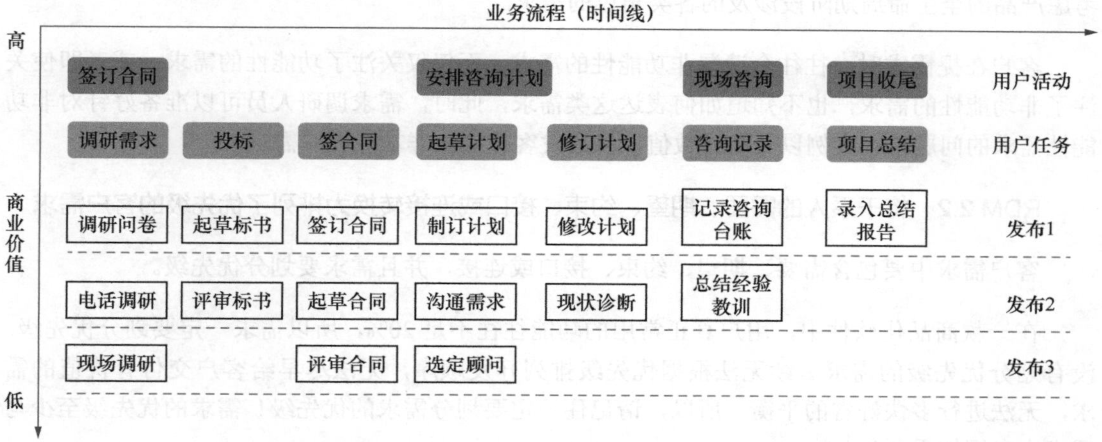

图2-2   咨询项目管理系统的用户故事地图案例

用户故事：作为一个储户，我想从 ATM 中提取现金，这样我就不用在银行排队等待了。

验收准则：

场景1：

给出：账户是信用卡，并且

卡是有效的，并且

ATM 有现金

当：客户请求提取现金时

那么：

确保账户余额被扣除，并且

现金被吐出，并且

确保信用卡能够退还

一图胜千言。文字描述是抽象的，图形表格是具体的。原型法是需求获取时的有效工具，和实例化需求类似，可以结合在一起帮助理解需求、引导需求。

获取需求时，除了要考虑客户如何使用系统以外，还要考虑实施人员如何部署系统，运维人员如何日常维护管理系统，将来系统如何升级，系统报废时如何卸载等方面的需求，因此要考虑产品的全生命周期阶段涉及的各类角色的需求。

客户在提需求时，往往会遗漏非功能性的需求，而仅仅关注了功能性的需求，或者即使关注了非功能性的需求，也不知道如何表达这类需求，此时，需求调研人员可以准备好针对非功能性需求的问题单、案例以及缺省数值，以启发客户提出非功能性的需求。

RDM 2.2　将干系人的需要、期望、约束、接口或连接转换为排列了优先级的客户需求

客户需求中要包含需要、期望、约束、接口或连接，并且需求要划分优先级。

在一款商品化软件中，用户真正常用的功能往往不足 20%，所以需求一定要划分优先级。没有划分优先级的需求后续无法根据优先级排列开发顺序，无法尽早给客户交付有价值的需求，无法进行多快好省的平衡。所以，请记住一定要划分需求的优先级！需求的优先级至少与需求本身同等重要！

划分需求优先级有以下多种方法。

▶ 卡诺模型：从需求实现程度的高低及客户满意程度的高低两个维度将需求划分为必备的需求（痛处）、期望的需求（痒处）、兴奋型需求（暗处）。

▶ 百分制法：参与划分需求优先级的每个人都有 100 点，可以根据自己对需求重要性的理解将 100 点分配到每个需求上，重要的需求点数高，次要的需求点数低。然后累计每个需求得到的点数，从高到低排序即可得到需求的优先级。

▶ ROI（投入产出比）方法：让客户或客户代表对每个需求的业务价值给出相对分值，让开发团队针对每个需求给出开发成本的相对分值，二者相除得到相对的投入产出比，然后排序得到优先级。

【案例】基于 ROI 的需求优先级分析（见表 2-3）

表2-3　基于ROI的需求优先级分析

特性/需求/用户故事	需求的相对价值 （业务人员填写）	需求的相对投入 （开发人员填写）	ROI=价值/投入
危险品管理	1	3	0.33
药品采购申请	3	5	0.60
网上预约管理	3	4	0.75
科室信息维护	4	4	1.00
医生信息维护	10	7	1.43
处方管理	5	3	1.67

特性/需求/用户故事	需求的相对价值（业务人员填写）	需求的相对投入（开发人员填写）	ROI=价值/投入
发药管理	2	1	2.00
缴费管理	8	2	4.00
挂号管理	12	3	4.00
病人信息维护	15	3	5.00

RDM 2.3 与需求提供者就需求的含义达成一致的理解

此实践强调需求理解的外部一致性，即开发方和需求提供方（客户方）要对需求的理解达成一致。需求误解是我们在系统开发中要努力克服的现象，如图 2-3 所示。

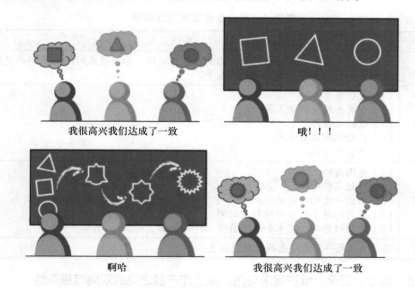

图2-3 达成对需求的一致理解

在图 2-1 中提到的需求实例化、需求原型化可以很好地帮助客户方、开发方对需求达成一致理解。在实践中有以下多种常见的需求沟通手段。

▶ 需求交底：产品经理给开发人员讲解需求。

▶ 需求反讲：开发人员给产品经理讲解对需求的理解，业务人员矫正误解。

▶ 需求评审：产品经理、开发人员、测试人员、客户（有可能的话）都参与需求评审。

▶ 原型评审：开发人员给产品经理、客户、用户讲解原型，干系人提出修改意见。

▶ 需求工作坊：各类干系人一起召开头脑风暴会议，沟通需求；

……

RDM 2.4　从项目的参与者处获得他们对需求可实现的承诺

本实践讲需求理解的内部一致性，即实现需求的人要对需求理解一致，认为在技术上需求是可以实现的，从工期上也是可以保证的。这是需求实现者对需求提供方的承诺，不是需求方承诺需求不变。

需求沟通的方法参见 RDM 2.3 的描述。

【案例】某企业的需求交底规则（见表 2-4）

表2-4　某企业的需求交底规则

类别	规则定义
时间规则	在编制月初任务计划时要明确给出需求交底时间，如果交底时间有变，一定要提前1天通知相关大区负责人和数据负责人等
交底对象规则	（1）大区负责人； （2）相关开发及测试人员； （3）数据工程师； （4）自动化测试负责人； （5）平台负责人
交底活动规则	（1）范围清晰； （2）原始需求明确； （3）给出一定的功能建议； （4）遗留问题要给出后续解决时间； （5）关联性分析由需求和开发负责人一同给出
交底反馈规则	交底后1天一定要给出确认功能列表

RDM 2.5　建立、记录、维护需求与活动或工作产品之间的双向可跟踪性

本实践的目的是要确保：

▶ 所有的需求都被分配到人了；

▶ 所有的需求都被设计了；

▶ 所有的需求都被实现了；

▶ 所有的需求都被测试了。

也就是说，不要有被遗漏的需求！

所谓双向可跟踪性是指能从需求跟踪到对应的设计，也能从设计跟踪到对应的需求，其他跟踪关系以此类推。

接口需求、非功能性需求是在实践中最容易被忽略跟踪的需求。

系统越大、参与人员越多、研发周期越长，需求双向可跟踪性的粒度越细，复杂度也越高，在汽车电子、铁道交通、核电等行业标准中，往往要求使用专业的工具（例如 DOORS）进行管理；当然，也可以通过自行设计的 Excel 表格或编号规则进行管理。

在敏捷的场景中，这种双向可跟踪性体现在了产品待办事项列表（product backlog）、冲刺待办事项列表（sprint backlog）、用户故事、看板、影响地图与用户故事地图中。

RDM 2.6　确保计划与活动或工作产品与需求保持一致

通过各种评审、测试、验证和确认活动确保设计、代码、测试用例、计划等与需求保持一致。当需求发生了变更时，也要维持相关配套文档与活动与需求的一致性。

RDM 2.5 中双向可跟踪性的建立与维护也是支持本实践实现的一种手段。

RDM 3.1　开发解决方案及其构件的需求并保持更新

解决方案和构件需求就是产品和产品构件需求，就是需求规格，就是对需求的详细定义。

需求文档的多少、格式是不限制的，可以根据组织的实际情况灵活定义。

【案例】某企业需求描述的 4W1H 分析（见表 2-5）

表 2-5　某企业需求描述的 4W1H 分析

需求的内容（what）	基线时机（when）	描述文档（where）	负责人（who）	描述形式（how）
业务角色	每次迭代进入前	需求说明书	产品经理	角色清单
业务概述	每次迭代进入前	需求说明书	产品经理	文字、业务流程图
功能需求	每次迭代需求细化中	需求说明书／用户故事列表	产品经理	用户故事
	每次迭代需求细化中	青铜器需求项	产品经理	用户故事＋需求的定制化细节信息
界面原型	每次迭代进入前	界面示意及要点	产品经理	布局＋要素＋关键点
	每次迭代需求细化中	界面设计	研发人员	界面的详细定义
业务数据	每次迭代需求细化中	需求说明书／用户故事列表	产品经理	用户故事（业务规则等作为初始的填写项）
业务规则	每次迭代需求细化中	青铜器需求项	产品经理	用户故事＋需求的定制化细节信息

需求变更时要执行需求变更影响的分析、评审、认可。需求变更的影响主要有以下 3 个方面。

▶　对管理的影响：对规模、工期、工作量、成本的影响，存在风险。

▶　对技术的影响：对设计、编码、测试以及对其他需求的影响。

▶　对人员的影响：该变更影响到了谁的工作，需要谁参与进来，需要通知谁。

RDM 3.2　定义操作概念和场景

操作概念，就是对用户在各种场景下如何使用产品的全局描述；操作场景，就是各种正常或异常的业务操作路径，要包含产品全生命周期的场景。

如果使用用例技术分析需求，则系统用例图可以看成操作概念；用例本身描述各种交互响应的正常流和异常流可以看成操作场景。

在敏捷方法中，在我们编写每个用户故事的验收标准时，我们需要清晰地描述出来正常与异常的各种场景，这种做法可以映射到本实践。

【案例】某航空公司货物装舱系统的用例图（见图 2-4）

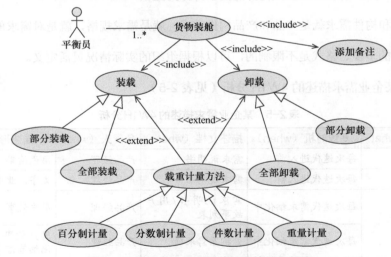

图2-4　某航空公司货物装舱系统的用例图

RDM 3.3　分配待实现的需求

所谓的分配需求就是把整体的系统需求分配到每个产品构件上。比如：一个杯子分为杯盖与杯桶，关于容量的需求主要分配给杯桶，关于温度的需求要分配给杯盖与杯桶，杯盖要承受 110℃

的温度，杯桶要承受 105℃的温度，这就是把整体的系统需求分配到每个产品构件上。

【案例】借鉴 QFD（Quality Function Deployment）方法分配需求（见表2-6）

表2-6 借鉴QFD方法分配需求

用户需求	系统服务模块						
	网络状态监测	进程状态监测	服务状态监测	系统环境监测	系统故障恢复	系统辅助维护	状态图形展示
可以同时监测多个系统的运行状态，并可统一进行界面展示	△						▲
可以实时监测整个分布式系统的运行状态，包括系统所依赖的运行环境以及系统本身的运行状态	▲	▲	▲	▲			
可以对监测到的异常状况生成相应的告警信息，并可进行图形展示							▲
可以对监测到的异常状况执行预定义的恢复措施					▲	▲	⊕

注：▲ 强，△ 中，⊕ 弱

RDM 3.4 识别、定义接口或连接需求并保持更新

接口需求分为外部接口需求与内部接口需求。外部接口需求在需求获取时是必须获取的，内部接口需求是在分配了待实现的需求后产生的，就如同上边那个例子，把杯子划分为杯盖和杯桶之后，就产生了二者之间的接口需求，这是产品内部不同构件之间的接口，是内部接口。

接口需求可以在需求说明书中描述，也可以作为单独的一份文档定义并持续维护；接口需求定义的是接口的用途（例如需要支持微信与支付宝支付，则涉及支付的外部接口）、接口的设计定义的是接口的调用与实现细节。

在描述外部接口需求时，采用系统环境图（接口关系图）可以增加需求的可读性，如图2-5所示。

RDM 3.5 确保需求是必要的和充分的

所谓需求是必要的，就是需求不是多余的，不是可有可无的，不做无用功。所谓需求是充分的，就是需求是不可缺少的。

所以这条实践就是要求需求不多不少，刚刚好！

调研需求时，更多的是做加法，尽可能多地、充分地挖掘和收集需求；分析需求时，则应

多做减法，弄清楚可以不做什么，少做什么。这两个活动应该交叠进行。

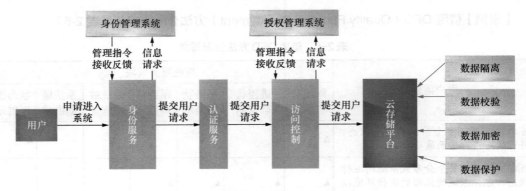

图2-5 使用系统环境图描述系统间接口

在评审需求、确认需求时可以检查需求是否是必要的、充分的。

在互联网行业当中，最小可行性产品（Minimum Viable Product，MVP）是非常流行的一种做法，即快速开发最少而必需的功能并发布出去，到市场上进行验证，获得反馈，再进行迭代优化，这种做法可以视为本实践的一种实现。

RDM 3.6　平衡干系人的需求和约束

平衡需求和约束，就是做多快好省的平衡，把需求和工期、质量、投入进行平衡。平衡的前提是要对需求划分优先级，参见 RDM 2.2。

可以通过以下手段进行需求的平衡。

▶ 采用相对优先级矩阵进行需求的比较与平衡。

▶ 客户提出的需求，特别是号称紧急的需求，需要阐述如果不实现或者延迟实现，到底会产生什么样的影响。

▶ 对于已上线的需求，可以跟踪实际使用的状况（例如频率、人次、时长等），作为后继平衡的依据。

RDM 3.7　确认需求以确保最终的解决方案可以在目标环境中按照预期运行

要确保需求满足了用户的真正需求，此条实践确认的是需求而不是最终交付的产品，所以对需求的确认是通过评审、模拟或原型演示来实现的。也可以采集类似系统在实际使用中常见的问题和关注点（例如提升用户体验的若干条细节），作为前期需求分析和评审的补充。

需求要早确认、多方确认、频繁确认、全生命周期确认，确保做了正确的事情！

2.4 小结

需求获取、需求分析、需求描述、需求验证和确认、需求管理这 5 个需求工程的活动是提升需求过程能力的关键，应该借鉴模型的实践并结合自身的场景加以规范和改进，图 2-6 是 Karl E. Wiegers 在《软件需求（第 3 版）》这本书中总结的需求开发和管理的活动场景。

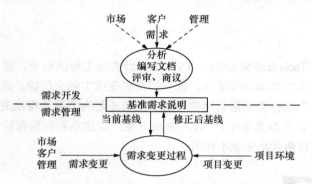

图2-6 需求开发和管理的活动场景

第 3 章

技术解决方案（TS）

3.1 概述

技术解决方案（Technical Solution，TS）映射到实际工程活动中，包含了技术路线选择、设计、实现、技术文档编写等活动，就是把需求变成实际交付物。在模型中之所以没有使用"设计与开发"这样更通俗易懂的说法，主要还是为了避免将模型的应用范围限制在软件研发行业内。在不少企业中，"技术解决方案"往往是指在售前阶段用来打动客户的一套技术材料。但这两者是完全不同的。

3.2 实践列表

本实践域的实践列表参见表 3-1。

表 3-1　技术解决方案（TS）实践列表

实践域	实践编号	实践描述
TS	1.1	构建满足需求的解决方案
TS	2.1	设计和构建满足需求的解决方案
TS	2.2	评价设计并处理识别的问题
TS	2.3	提供解决方案的使用指南
TS	3.1	制订设计决策的准则
TS	3.2	对选中的构件制订候选解决方案
TS	3.3	执行构建、购买或复用分析
TS	3.4	基于设计准则选择解决方案
TS	3.5	制订、使用实现设计所需的信息并保持更新
TS	3.6	使用已建立的准则设计解决方案的接口或连接

3.3 实践点睛

TS 1.1 构建满足需求的解决方案

解决方案就是指我们的交付物，包括产品、系统或服务等。

这条实践的含义就是实现满足客户需求的产品或服务，映射到软件领域，就是开发出满足需求的软件系统。

TS 2.1 设计和构建满足需求的解决方案

在实现产品或服务之前，必须做设计。设计可能包含多个层次的设计，如概要设计、详细设计等。概要设计侧重于各产品部件之间的关系，详细设计侧重于每个部件内部的实现方法。复杂的系统需要多层次设计，很简单的系统也可能仅做一个层次的设计。

在极限编程方法中有两条实践与设计有关：系统隐喻与简单设计。系统隐喻是采用比喻的方法把系统的结构、系统的原理类比为现实中一个易于理解的、比较通俗的事物。简单设计是不为未来的不确定的变化做设计，采用最简单的方法满足需求。采用类－责任－协同（Class-Responsibility-Collaborator，CRC）卡片是进行简单设计的一种方法。

设计是产品演进过程中不可或缺的工程活动，做哪些设计也应该根据不同项目的情况进行裁剪和选择。

【案例】设计文档裁剪表（见表3-2）

某公司将公司的项目分为以下 3 类。

▶ **新系统的开发项目**：从无到有、全新软件的开发。

▶ **产品应用项目**：根据已有产品为客户定制系统。

▶ **运营项目**：根据公司商务的要求，不断更新升级公司运营的电子商务系统。

对于产品应用项目和运营项目，又区分了需求的不同类型。

表3-2 设计文档裁剪表

设计类型	设计形式	新系统的开发项目	产品应用项目			运营项目		
			新需求	功能改造	重构	新需求	功能改造	重构
技术架构设计	文档	必选	可选	可选	可选	可选	可选	可选
领域模型	文档	必选	必选	可选	可选	必选	可选	必选

续表

设计类型	设计形式	新系统的开发项目	产品应用项目			运营项目		
			新需求	功能改造	重构	新需求	功能改造	重构
模块设计	文档	必选其一	必选其一	可选	可选	可选	可选	可选
	简单设计			可选	可选	可选	可选	可选
接口设计	文档	必选	必选	必选	必选	必选	必选	必选
组件设计	文档	必选其一	必选其一	可选	必选其一	可选	必选其一	必选其一
	简单设计			可选		可选		
算法设计	文档	必选	必选	必选	必选	必选	必选	必选
数据库设计	文档	必选其一	必选其一	必选其一	必选其一	必选其一	可选	可选
	工具						可选	可选
界面设计	文档	必选其一	必选其一	可选	可选	可选	可选	可选
	工具			可选	可选	可选	可选	可选

设计的过程也是人与人沟通的过程。我们公司在为客户提供咨询时，推荐客户做每日一页纸设计日志，参见图 3-1 所示的具体实例。

具体做法为：公司统一打印出来设计好的每日一页设计日志，开发人员人手一册。每天早晨开完每日站立会议后，开发人员找产品负责人（product owner，PO）反讲需求，把当天要实现的需求给 PO 讲一遍，让 PO 检验开发人员对需求的理解是否正确，在讲解时边说边写，在每日一页设计日志上进行快速的记录，双方达成一致后，开发人员就再去找另外一位开发人员讲解自己对这个需求的设计思想，也是边讲边在设计日志上画图，并且双方讨论设计思想，达成一致后，开发人员就可以动手编码了。留存下来的这个设计日志就可以作为非正式的设计文档了。

软件质量是设计和开发出来的，不是测试出来的。为了保证产品的内建质量，在开发中提倡以下做法：

▶ 静态代码扫描；

▶ 代码走查；

▶ 结对编程；

▶ 测试驱动的开发；

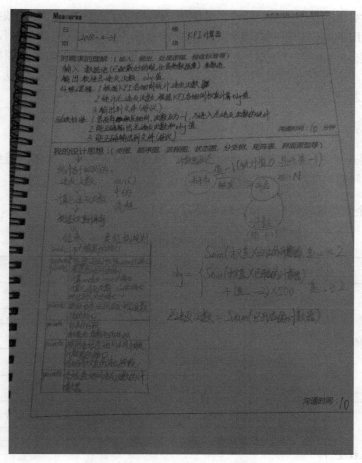

图3-1 每日一页纸设计日志

▶ 持续集成；

▶ 重构。

在上述做法中，强烈建议首先把静态代码扫描实施起来，目前在业内有很多静态扫描的工具，Sonar 就是其中广为使用的一款。

TS 2.2 评价设计并处理识别的问题

对设计进行评审，并修改发现的问题。

评审时应该对照需求，确保所有的需求都被实现了。

除了需求的实现，设计的易扩展性、易维护性也是设计质量的重要评价依据，在设计过程中，应该充分运用各类设计原则与模式，例如面向对象设计中的 SOLID 原则、各类设计模式（GOF 的 23 种模式、GRASP 的 9 种模式）等。评审设计时，则应该将上述原则实例化为具体的检查项，例如，某企业为了保证类设计的单一职责原则，将类的 Public 方法不得超过 3 个作为评审的检查项之一。

评审有多种方式，如何进行设计评审，可以参见同行评审实践域。

应该借助检查单进行设计评审，检查单中的检查项应该明确、具体，避免过于宽泛和表面，以提升发现问题的针对性与深入性。

【案例】某企业终端软件设计检查单（见表 3-3）

表 3-3　某企业终端软件设计检查单

分类	评价要点说明
1. 产品成熟度评估	（1）选择合适的基线产品
	（2）哪些模块是全新的，哪些模块是改动的，哪些模块是需要做详细设计的，都要详细说明
	（3）尽量沿用成熟产品的设计
	（4）对模块的改动进行分析说明，并对改动的风险进行分析
2. 对需求的满足程度	（1）根据需求分析文档，要求概要设计文档能覆盖所有已经分析的功能点
	（2）之前未解决的技术负债或者缺陷
	（3）现场要求的优化设计
	（4）针对不同地区的需求差异，是否能兼容，动态配置还是宏定义
3. 系统的整体设计	（1）软件系统的整体架构描述，是否分层设计；描述整体功能框图，架构设计描述是否清晰合理
	（2）整体设计需要描述是否使用操作系统，如果使用操作系统，怎么划分线程，每个线程的运行模式、功能描述
	（3）构成系统的各模块的组成、功能介绍；模块是否合理，划分是否清晰，耦合度是否较小
	（4）如何进行线程通信，中断和线程如何通信
	（5）模块之间的交互关系、模块之间的交互方法，例如使用消息还是函数调用，同步还是异步模式

续表

分类	评价要点说明
4.1　系统安全策略	（1）有没有看门狗，几级喂狗机制，能否监控操作系统的各线程的运行，喂狗的地方要明确
	（2）上电的初始化过程，数据加载内容，是否有大量文件写等不合理设计
4.2　数据存储可靠性设计	（1）是否使用文件系统，重要数据如何备份
	（2）参数在最坏情况下如何恢复，是否要出厂恢复功能，如何实现
	（3）存储器擦写寿命的评估，如何实现平滑存储等
	（4）上电数据初始化加载和掉电保存的一致性处理
4.3　掉电处理机制	（1）掉电时保存哪些数据，保存时间的评估
	（2）掉电后保存完数据如何处理，复位系统
	（3）掉电后立即上电如何处理，例如子系统是否初始化
	（4）上电后马上掉电，考虑备份电源不足的情况
4.4　低功耗运行机制（在产品具有电池和电容等备用电源的情况下的设计）	（1）软件如何判断掉电，准确、及时、可靠等
	（2）掉电后在电池和电容等备用电源供电时如何运行
	（3）需要考虑电池或电容突然没电等异常情况，是否考虑了相关设计
	（4）电池供电的产品，设计上明确唤醒和休眠的机制，例如只在Idle线程休眠
4.5　异常恢复策略	（1）部分产品需要定期检查外设的配置参数，并定期刷新
	（2）计量、存储和通信芯片等外设的可靠性访问，并具备异常恢复机制，如对外设的电源控制
	（3）系统在最坏情况下如何恢复，出现故障的底线设计，最坏情况的损失评估和应对，包括数据损失的评估、异常持续时间的评估
4.6　监控功能	（1）系统资源的监控，包括文件分区使用情况、RAM/CPU使用情况
	（2）监控各线程对CPU等资源的使用情况，进程对文件的使用情况
	（3）监控设计要求对监控情况有日志记录，可以追溯，可以对系统性能进行评估

续表

分类	评价要点说明
5. 通信可靠性设计	（1）通信可靠性要包括通信可靠性的底线设计，即在最坏情况下通信功能可以通过复位终端或者模块等方法恢复
	（2）本地通信（485、微功率无线等）、终端与模块的通信，需要监控多久没有数据，进行异常处理
6.1　性能评估	（1）计算量是否能满足需求，涉及计算算法等
	（2）实时性是否能满足需求，涉及搜索算法等
	（3）功耗是否能满足需求，低功耗设计
6.2　资源评估	代码空间、内存空间的使用是否能满足系统要求
6.3　中断资源管理	（1）系统使用了多少中断，中断的优先级管理
	（2）中断实现什么功能，中断的效率评估，中断如何与后台交互
7. 模块接口设计	（1）简要介绍主要模块的外部接口，接口的功能描述
	（2）接口设计是否简洁合理、耦合程度小
	（3）接口设计是否友好，向下兼容
8. 系统的可维护性[①]	（1）可移植性：考虑不同系统和硬件产品的兼容性
	（2）系统灵活性：有没有考虑未来可能的需求变更，为变更考虑额外的设计，例如可配置的设计
	（3）可测试性：平台软件需要设计上考虑可测试性，是否考虑接口设计，是否有日志等专门设计
	（4）模块的独立：设计时尽量提升模块的独立性，减少对其他模块的依赖

TS 2.3　提供解决方案的使用指南

交付给用户后，用户要使用交付的产品，还需要安装手册、使用手册、在线帮助、培训资料等，本实践要求编写、交付这些使用指南。使用指南也需要进行评审或者测试。

【案例】对照安装手册无法安装系统

某软件公司开发了一款海运码头管理软件并销售给某客户，客户有自己的 IT 人员，客户希望自己安装系统，结果翻来覆去折腾一个月才将系统安装好，客户进行了投诉。在这期间，软件公司多次修改安装说明，多次在自己公司内部做实验，换新的机器、新的人员进行

---

① 设计文档中需要描述系统的可维护性（评价占比小）。

实验测试。从此以后，该公司吸收本次的教训，对所有交付给客户的文档都进行了评审或测试。

TS 3.1 制订设计决策的准则

当存在多种技术路线、技术方案时，对这些技术方案要从哪些方面进行评价？怎么评价？

设计决策的准则即评价设计方案优劣的评价指标、评价方法。

决策准则既要考虑短期因素，例如实现的成本与难度；也要考虑长期因素，例如维护的成本与扩展性。

【案例】设计决策准则（见表3-4）

表3-4　设计决策准则

序号	评价准则	决定性	权重
1	指定的技术方案满足功能、性能和进度要求程度（列出每一个需求）	是	
2	指定的技术方案满足需求限制程度（明确指出或默认的）	是	
3	指定的技术方案对需求变化的敏感程度		高
4	指定的技术方案对成本的影响程度		高
5	指定的技术方案实施对交付期的影响程度		高
6	指定的技术方案实施中存在技术实现的难度		中
7	指定的技术方案实施后产品扩展和升级难易度		中
8	指定的技术方案增加可维护性		中
9	指定的技术方案实施对工作量的影响程度		中
10	指定的技术方案实施对质量的影响程度		中
11	指定的技术方案实施后的风险度		中

TS 3.2 对选中的构件制订候选解决方案

对产品构件、某些特定需求的解决方案进行多选一，即识别多种设计方案。

建议先制订决策的准则，再开发候选解决方案，以提升决策准则的客观性。

制订候选方案的参考步骤如下。

（1）确定待决策问题的背景，包括限制条件、需求、场景、业务案例假设、业务目标等。

（2）进行领域研究，对相关领域进行调查。

▶ 查询文献：可在网上和组织资产库中查找与问题有关的领域资料。

▶ 咨询：可咨询有问题领域知识的人或组织，收集问题可能用到的解决方法和这些解决方法的约束条件。

▶ 对原系统进行调研：可通过对原系统的调研，了解原系统解决问题的方法及它们的优缺点。

（3）找出或开发多个候选方案，并对候选方案进行初步筛选。

（4）将候选方案文档化。

TS 3.3 执行构建、购买或复用分析

本实践对产品构件的实现方法进行宏观选择：某些产品构件是自己从头开发，还是直接从市场上购买成熟的产品，或者是复用历史项目已经实现的成品，或者是使用开源的构件。

复用分析可以从功能级别上进行，识别完整功能的复用，也可以在实现组件级别上展开复用分析。

有很多公司内部有复用的功能，比如权限管理模块、流程引擎、规则引擎等，在技术架构设计中，可以识别是否复用已有的功能。在软件产品中，也有很多业务功能是复用的，在互联网公司中，业务中台也是复用的典型案例。

从组件的级别上复用的例子有树形结构组件、异常捕获处理的组件等。

采用开源组件也是提升研发效率与质量的常用途径，某企业成立了专门的小组，对开源组件进行调研、对比，并制订了企业内部的开源组件库，持续维护与发布。

如果希望规范化本组织的软件复用管理，可以参考软件复用过程标准：IEEE1517。

【案例】某公司的购买与自研选择的准则（见表3-5）。

表3-5 某公司的购买与自研选择的准则

序号	影响决策的因素提示
1	产品或服务提供的功能适合项目
2	项目可以利用此资源和技能

续表

序号	影响决策的因素提示
3	产品的质量
4	对核心能力无负面影响
5	购买与内部开发的成本对比
6	可以满足关键交付和集成日期
7	战略经营联盟，包括高层经营的需求
8	对现有商品软件的市场调查结果
9	该供应商具有潜在技能和能力
10	购买产品相关的特许版权、保证、职责和限制
11	产品的可用性
12	所有权问题清楚
13	应用风险
14	技术先进性
15	可互操作性
16	标准化程度

TS 3.4　基于设计准则选择解决方案

采用 TS 3.1 确定的设计准则对 TS 3.2 识别的各种候选解决方法进行评价，并选中某种解决方案。

有些非功能性需求在实现时，需要特别慎重，此时往往需要从多种候选方案中选择一种最佳的解决方案。

选择解决方案时可以由专家协商一致，也可以采用专家投票、专家打分等多种形式，重点在于要充分识别、沟通各种解决方案的优缺点与风险。

TS 3.5　制订、使用实现设计所需的信息并保持更新

把系统拆分成子系统，把子系统拆分为模块后，实现每个模块所需要的设计信息应该按模块进行分类存放，便于实现者快速检索到所需要的所有信息，并且不会存在信息污染，即实现

者能看到他想看到的内容，而与他无关的内容不会出现在眼前。当实现的系统比较庞大、设计文档比较多时，这个实践的价值尤其突出。

可以采用 Web 化的工具对设计文档进行管理，例如某企业使用 Confluence 工具搭建了产品主页，包含了产品的整体说明、总体设计与架构、版本变迁历史、每个版本所包含的需求特性、每个特性相关的设计。

TS 3.6　使用已建立的准则设计解决方案的接口或连接

此实践应该包含 3 层含义。一是定义接口设计要描述哪些内容，二是评价接口设计优劣的准则，三是对接口进行设计。

评价准则更多的要从接口的调用与维护的角度建立，例如以下 3 个原则。

▶　简单原则：接口命名规范、接口参数数量与类型的限制等。

▶　依赖倒置原则：避免接口的设计依赖于细节。

▶　隔离原则：避免接口之间的过度耦合。

接口的设计应该定义模板，一般包括接口命名、接口概述、参数说明、返回说明、调用注意事项等。

接口设计必须文档化，市面上有不少接口管理的工具，例如 postman、easyAPI 等。

3.4　小结

设计与开发往往是研发中投入最多、周期最长的一个过程，但 TS 的实践只有 10 条，可能会给人一种语焉不详、戛然而止的感觉；此外，初次阅读本实践域的读者很可能产生一个疑惑：怎么感觉没看到开发相关的实践？其实最基本的设计和开发活动都归并到了"TS 1.1 构建满足需求的解决方案"和"TS 2.1 设计和构建满足需求的解决方案"这两条实践中。

如果将 TS 的其他实践总结一下，可以发现如下规律。

▶　要充分、全面地决策设计方案，以免一步错、步步错：TS 3.1、TS 3.2、TS 3.4。

▶　要保证设计的质量：TS 2.2。

- ▸ 接口设计及其质量更是重中之重：TS 3.6。

- ▸ 要考虑复用，避免重复发明车轮：TS 3.3。

- ▸ 要为产品的实现与使用提供文档支持，不要给别人埋坑：TS 2.3、TS 3.5。

所以，模型中强调的，常常就是实践中所忽视的。

第 4 章

产品集成 (PI)

4.1 概述

产品集成（Product Integration，PI）即把不同部件集成在一起，形成一个更大的部件或一个完整的可交付的产品。该实践域包含了集成策略的制订、集成准备、集成、集成后的验证和确认，以及交付的活动。

产品集成的范围不仅仅限于软件，例如某企业将其产品集成区分为以下 3 种。

▶ 设备集成：各类（硬件）设备之间的集成，重点是检验设备接口协议、基本功能，由产品检验工程师负责。

▶ 软硬件集成：同一设备中软硬件的集成，重点是软硬件的接口、基本功能，由硬件工程师负责。

▶ 软件模块集成：同一软件中不同功能模块的集成，由软件工程师负责。

每一种类型的集成，都应该有其相应的准备、执行、验证和结果分析活动。

4.2 实践列表

本实践域的实践列表参见表 4-1。

表 4-1 产品集成（PI）实践列表

实践域	实践编号	实践描述
PI	1.1	组装解决方案并交付给客户
PI	2.1	制订、遵从集成策略并保持更新
PI	2.2	建立、使用集成环境并保持更新
PI	2.3	制订、遵从用于集成解决方案和部件的规程与准则并保持更新
PI	2.4	在组装之前，确认每个部件都依据其需求和设计被正确地标示了并能正常运行

续表

实践域	实践编号	实践描述
PI	2.5	评价组装好的部件以确保与解决方案的需求和设计保持一致
PI	2.6	依据集成策略组装解决方案和部件
PI	3.1	在解决方案的全生命周期内，评审接口或连接的描述，以确保覆盖率、完备性和一致性并保持更新
PI	3.2	在组装之前，确认部件接口或连接与其描述一致
PI	3.3	评价组装的部件，以确保接口或连接的兼容性

4.3 实践点睛

PI 1.1　组装解决方案并交付给客户

把不同的构件组装起来形成可交付的产品，并交付给客户。组装这个词在后继实践中也会多次出现，可以将其理解为：集成＝组装＋组装后的测试，即组装是集成过程中的一个步骤，常见的每日集成生成一个可测的版本就是一种组装。

PI 2.1　制订、遵从集成策略并保持更新

集成策略包含了以下核心内容。

▶　集成的范围：待集成的子系统、产品组件、模块等。

▶　集成的频率：持续集成、每日集成、每周集成、阶段性集成、一次性集成等；集成和集成测试可能采用不同的频率，例如每日集成、每周集成测试。

▶　集成的方法：手工集成还是工具自动化集成。

▶　集成的顺序：由底向上，自顶向下，混合交叉等。

持续集成是目前软件行业的最佳实践，强烈建议各公司搭建自己的持续集成平台。完整的持续集成也应包括集成后版本的测试（自动化），导入难度较大的企业可以先导入持续构建（即组装）。

PI 2.2　建立、使用集成环境并保持更新

集成环境包括了集成使用的工具、硬件设备、仿真器、测试设备等。

有些环境是自己开发的，有些可能需要外部采购，也可以复用历史已有的环境。

在集成之前要检查环境的正确性。

集成环境应该由专人维护，例如开发人员或配置管理员。

【案例】某企业持续集成过程中涉及的工具与技术（见图4-1）

图4-1　某企业持续集成过程中的工具与技术

PI 2.3　制订、遵从用于集成解决方案和部件的规程与准则并保持更新

产品集成的规程即产品集成与测试的具体方法与步骤，包括手工集成的步骤、自动集成的脚本，以及集成测试的步骤与用例。

产品集成的准则即产品集成的进入退出准则，包括集成准备就绪的准则、集成测试的用例与通过准则等。

进入和退出准则中都应该包含质量标准，例如将代码扫描、走查或单元测试的结果作为集成的进入准则。

【案例】某企业每日集成规程（见图4-2）

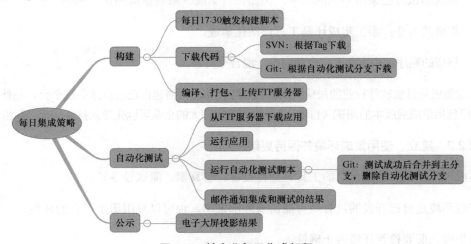

图4-2　某企业每日集成规程

PI 2.4 在组装之前，确认每个部件都依据其需求和设计被正确地标示了并能正常运行

可以根据以下几项内容，检查集成的准备情况。

▶ 待集成的部件是否在配置库中，版本与存放位置是否正确。

▶ 待集成的部件是否完备，是否有遗漏。

▶ 待集成的部件是否经过了评审或单元测试。

PI 2.5 评价组装好的部件以确保与解决方案的需求和设计保持一致

执行集成测试以确保集成后的产品部件或产品符合需求与设计。该活动是持续、反复执行的，每次集成后都要进行测试。

该实践强调的是将组装后的产品作为一个整体进行验证，有的企业并不存在集成测试这样的说法，此时可以将其理解为冒烟测试、首轮系统测试。

PI 2.6 依据集成策略组装解决方案和部件

先集成为部件，对集成后的部件进行测试，再集成为更大粒度的部件，进行集成测试，最终集成为完整的产品，集成与集成测试是迭代进行的，持续集成则将这种迭代频率提升到了极致。持续集成的工作流程如图4-3所示。

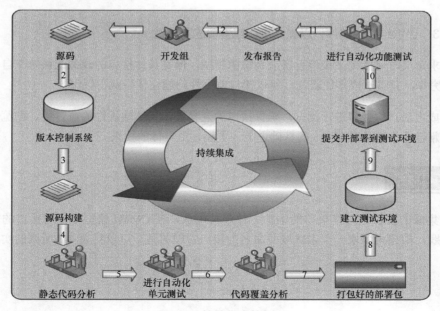

图4-3 持续集成的闭环

PI 3.1　在解决方案的全生命周期内，评审接口或连接的描述，以确保覆盖率、完备性和一致性并保持更新

接口分为以下 3 类。

▶ 外部接口：运行时与其他系统的接口。

▶ 内部接口：产品的部件之间的接口。

▶ 环境接口：与测试、运维环境的接口。

在产品的全生命周期内，要进行接口的管理，有接口需求、接口设计，要评审接口需求、接口设计，发生变更时，要保持各描述的一致。

某金融企业，平台和关联系统众多，接口关系复杂，为此专门开发了一个工具，可以快速查询关联系统和接口，并以网络图的方式将平台和系统间的调用关系动态展现出来，保证了每一次系统升级中关联接口的分析、实现与验证。

PI 3.2　在组装之前，确认部件接口或连接与其描述一致

在集成之前，要评审、检查或测试接口的实现与接口需求、接口设计的一致性。比如我们生产了一个圆形水杯，在将杯盖与杯桶集成之前可以先测量一下杯桶的直径是否在规定的误差范围之内。

PI 3.3　评价组装的部件，以确保接口或连接的兼容性

在需求定义时可能定义接口设备或系统的类型，但是具体接口的设备或系统来自不同的厂家，无法穷举，且调试成本比较高，所以接口兼容性问题往往隐藏得较深。

在集成之后，对接口进行测试，确保接口的兼容性，包括软硬件的兼容性、浏览器的兼容性、数据兼容性。这是在 PI 2.5 的基础之上，更高、更具体的要求。

4.4　小结

产品集成的重点之一是接口的维护、评审与确认，在 CMMI 模型中，对接口的管理涉及如下的实践，如果再新增一个实践域并命名为接口管理的话，可以将表 4-2 所列的实践集中在一起。

表4-2 CMMI中与接口相关的实践

实践域	实践编号	实践描述
RDM	2.1	引导干系人的需要、期望、约束、接口或连接
RDM	2.2	将干系人的需要、期望、约束、接口或连接转换为排列了优先级的客户需求
RDM	3.4	识别、定义、接口或连接需求并保持更新
TS	3.6	使用已建立的准则设计解决方案的接口或连接
PI	3.1	在解决方案的全生命周期内，评审接口或连接的描述并保持更新，以确保覆盖率、完备性和一致性
PI	3.2	在组装之前，确认部件接口或连接与其描述一致
PI	3.3	评价组装的部件，以确保接口或连接的兼容性

产品集成在软件界已经进化出更成熟、更完善的形态，实际改进中应灵活映射，以 DevOps 的典型实践为例，关联关系如表 4-3[①]所示。

表4-3 PI 与 DevOps 的关联

实践域	实践编号	实践描述	Devops 持续交付典型实践
PI	1.1	组装解决方案并交付给客户	持续集成、持续交付、持续部署
PI	2.1	制订、遵从集成策略并保持更新	制订松耦合的架构、主干开发、版本控制、持续集成、持续交付、持续部署、轻量级变更管理等策略
PI	2.2	建立、使用集成环境并保持更新	基础设施即代码、虚拟化及容器技术、容器编排与调度、云基础设施
PI	2.3	制订、遵从用于集成解决方案和部件的规程与准则并保持更新	持续交付流水线
PI	2.4	在组装之前，确认每个部件都依据其需求和设计被正确地标示了并能正常运行	测试左移、测试自动化、测试右移
PI	2.5	评价组装好的部件以确保与解决方案的需求和设计保持一致	测试自动化、测试数据管理、持续测试
PI	2.6	依据集成策略组装解决方案和部件	部署自动化、管理数据库变更
PI	3.1	在解决方案的全生命周期内，评审接口或连接的描述并保持更新，以确保覆盖率、完备性和一致性	分层自动化测试
PI	3.2	在组装之前，确认部件接口或连接与其描述一致	前置信息安全、监控与可观测性、预警式告警
PI	3.3	评价组装的部件，以确保接口或连接的兼容性	测试自动化、部署自动化、管理数据库变更

① 表4-3 由我的同事陈正思老师贡献。

第 5 章

同行评审（PR）

5.1 概述

同行评审（Peer Reviews，PR）是通过请同行专家阅读文档或代码来发现缺陷的一种质量控制方法，是在开发的早期发现缺陷最有效的手段之一，同行评审是技术类评审，以发现缺陷为主要目的，而不是里程碑评审、项目总结这类以了解状况和进行决策为主要目的的管理类评审。

同行评审这个实践域是从 VER 过程域中剥离出来的，原来 1.3 版本的 VER 与 VAL 合并成了 2.0 版本的 VV 实践域，让熟悉最早的 SW-CMM 1.1 的从业者感受到了复古之风。

5.2 实践列表

本实践域的实践列表参见表 5-1。

表 5-1　同行评审（PR）实践列表

实践域	实践编号	实践描述
PR	1.1	评审工作产品并记录问题
PR	2.1	制订用以准备和执行同行评审的规程和支持材料并保持更新
PR	2.2	选择待同行评审的工作产品
PR	2.3	使用已建立的规程，对选中的工作产品准备和执行同行评审
PR	2.4	解决同行评审中发现的问题
PR	3.1	分析同行评审的结果和数据

5.3 实践点睛

PR 1.1　评审工作产品并记录问题

执行评审，并记录问题。

记录问题是评审最基本的要求，可以通过以下方式提升问题记录的效果。

（1）评审前明确评审记录的分工。

（2）指定除了工作产品的作者（以下简称为"作者"）的另外一名评审记录人员。

（3）利用工具帮助记录，例如文档批注工具。

（4）明确记录的规则，例如包含位置和问题。

（5）在评审结束之前通读一遍问题记录，以检查是否记录准确。

......

PR 2.1　制订用以准备和执行同行评审的规程和支持材料并保持更新

同行评审需要定义具体的方法及规程，包括检查单、评审记录等。如果采用工具辅助同行评审，也需要购买、搭建同行评审的环境。

我们的客户常用的代码走查工具有：

- ▶ Gerrit；
- ▶ Review Board；
- ▶ Code Reviewer；
- ▶ Phabricator；
- ▶ Collaborator；
- ▶ Crucible；

......

根据同行评审的严格程度，可以划分以下多种评审方法。

- ▶ 走查：有一位或多位专家参加，不需要提前准备，一般由作者本人充当主持人，结论不是很严格。

- ▶ 技术复审：由技术负责人担当主持人，多位专家参加，需要事先进行个人评审，需要各位专家事先准备。

▶ 审查：由专门的主持人主持，多位专家参与，需要基于检查单进行个人评审，需要度量各位专家的评审数据，要出正式的评审报告。

这 3 种同行评审方式的区别，可以通过表 5-2 简单区分。

表5-2　同行评审的类型

	走查	技术复审	审查
目的	评价工作产品； 改进工作产品； 选择候选方案； 教育参与人员	判定工作产品与技术要求、标准的符合性； 查找缺陷； 检查是否正确实现了变更； 选择候选方案	查找缺陷
入口准则	做了计划或者临时发起	实现了计划； 发布了评审目的； 作者准备好了； 准备好了工作产品	工作产品符合已建立就绪的准则
评审材料的数量	中等	中等到较多，根据评审目的而定	相对较少
参与人员数量	2人或更多	3人或更多	3～7人
参加者	技术负责人和同行	技术负责人和同行	同行小组
评审主持人	作者	通常是技术负责人	主持人
个人评审	不要求	要做个人评审	要做个人评审
陈述者	通常是作者	作者或组员	读者或无
决策权	作者有权做出决定	评审组给出建议，技术负责人根据评价做出决定	小组选择评审的结论；缺陷必须排除
变更验证	留待其他的项目控制手段	技术负责人验证，作为评审报告的一部分	主持人验证返工
报　告	可能是走查报告，记录缺点和问题，改进建议	技术评审报告，包括缺点和问题清单以及行动清单	缺陷清单和度量元总结
收集度量元	非正式需求；可能收集	非正式需求；可能收集	要求所有审查人进行收集

上述 3 种分类在不同的企业里也可以演化出不同类型的评审方式，比如有的企业定义了邮件评审、个人评审、会议评审等方式。也有的公司采用了结对设计、结对编程实践，结对工作也可以被看作同行评审的一种方式，只不过是边开发边评审，同步进行而已。

PR 2.2　选择待同行评审的工作产品

并非所有的工作产品都需要做评审。要评审的工作产品并非都采用同一种评审方式。同一种工作产品可以评审多轮，每轮采用不同的评审方式。

要制订评审的计划，识别出要评审的工作产品、评审方法、评审参与的角色、评审的时间。

【案例】某企业评审场景一览表（见表5-3）

表5-3 某企业评审场景一览表

对象	评审时机	评审目的	必须参与人员	可选参与人员	评审方式
任务描述（Statement of Work, SOW）	售前-售后交接完成后2周内	界定本项目需求的准确范围	业务分析师、系统分析师、项目经理、研发经理	测试经理、测试组长	审查
史诗（Epic）	史诗录入Jira后1周内	确保史诗的可实现性	系统分析师	研发经理	走查
用户故事	史诗拆分为用户故事后1周内	确保用户故事与史诗的一致性；确保用户故事的可实现与可测试性	业务分析师、系统分析师、研发经理、测试组长	研发人员、测试人员	审查为主，走查为辅
概要设计详细设计	用户故事设计完成后1周内	确保用户故事设计的正确性、合理性。	作者、研发组长、选择的研发人员	研发经理、系统分析师、测试组长	审查为主，走查为辅
代码	每周至少1次	确保代码实现的规范性、正确性	选择的研发组长和研发人员	研发经理	走查（面对面、会议、也可以考虑利用走查工具执行）
测试用例	研发送测前一周内	确保用例的覆盖程度	测试组长、选择的测试人员、系统分析师	测试经理	走查

PR 2.3 使用已建立的规程，对选中的工作产品准备和执行同行评审

准备的活动包括了评审通知、评审资料分发、会议室准备等，准备就绪后，就按照同行评审的规程开展评审。

通过对多家组织同行评审活动的观察，笔者发现同行评审的质量取决于多个细节，细节决定成败，因此笔者总结了做好同行评审的一些细节，供大家参考（见表5-4）。各个组织可以根据自己的实际情况，针对不同严格程度的评审方式进行裁剪。

表5-4 同行评审的细节

参与人员或活动	同行评审的细节
主持人	主持人应该保持独立性，如作者不做主持人，经理不做主持人
	具有丰富的主持经验
	确保评审时注意对事不对人，不应该评价作者的业绩好坏

续表

参与人员或活动	同行评审的细节
评审专家	建立评审专家池，成立公司级的评审委员会
	规定参与评审的专家人数限制，如多于2人，少于7人
	上游工作者、下游工作者、同级专家参与评审
	技术评审会不要求作者的上级领导参加评审，如果管理者必须参加，可以区分有管理者参与的评审与无管理者参与的评审
	由高层领导协调各位专家的参与时间
	给参与评审的专家分配不同的角色，站在不同的角度评审
	定义主审人制度，制订谁对本次评审的最终结果负责
	区分必须参与的专家与可以参与的专家
评审材料	组织级定义好策略：应该对哪些资料做哪种方式的评审
	一次评审的材料不宜太多，比如每小时评审的速度不超过8页
	如果评审材料太多，应拆分为多次评审会议，或者不同的专家负责不同的章节，每个章节至少由两位专家评审
会前准备	质量保证人员事先对被评审材料进行检查，消除低级错误
	主持人和专家确定会议时间，获得专家的承诺
	要求专家留出个人评审的时间
	处理专家的时间冲突
	提前发放评审的资料
	发会议通知时一对一通知，不要群发邮件
	对照被评审材料的章节顺序准备检查单
	详细地定义同行评审的检查单
	提前15分钟准备评审会议室
	规定各位专家预评审的定量目标，比如花费的时间，最少发现的缺陷个数等
个人评审	记录自己花费的时间
	使用检查单进行评审
	纸面评审，打印出来被评审材料进行评审，效果更好
会议开始	会议开始时定义规则，如： 不重复发言； 不抨击个人业绩； 让别人把话讲完； 作者不要反击专家的观点

续表

参与人员或活动	同行评审的细节
会议开始	规定在评审讨论过程中的禁用语，如"你不行""差不多""我的好"之类的
	会议座位的安排：记录员坐在主持人和作者中间
	个人准备工作的汇报：缺陷个数、花费的工时
评审会议	专家轮流汇报发现
	不能讨论如何解决问题
	在形成决议前要对问题记录进行评审
	对应到上游文档进行评审，如评审设计时，要参照需求文档
	每次评审会议的时间最好能在2小时内结束
收尾	形成评审会议的结论：通过、不通过、有条件通过
	主持人跟踪问题的关闭
	评审结束后一天内发出会议纪要
过程规范	定义不同严格程度的评审级别，如邮件评审、会议评审等
	在项目计划阶段定义评审计划
评审度量	缺陷个数、缺陷密度、评审速率、时长、工作量
持续改进	制订针对评审专家的考核激励制度
	评选评审的标兵
	积累评审成功与失败的典型案例
	每次评审结束时要进行经验教训总结
	对比每年的同行评审数据
	制作同行评审的宣传标语
	持续在公司内进行同行评审知识的培训
	对评审的主持人进行培训与认证
	会议室里要张贴会议规则
工具支持	使用同行评审的工具固化过程
	在会议室中准备不同时长的沙漏

具体的评审执行的案例可以参见笔者的 CSDN 博客："软件需求评审之道""需求评审的案例分析""需求评审会议亲历记""案例：代码走查"。

PR 2.4　解决同行评审中发现的问题

评审过程中要记录、纠正发现的问题，并检查问题纠正结果的正确性。这样才能形成同行评审的闭环。

有的企业将评审发现的问题录入了项目管理系统中，像 Jira 之类的工具也提供了在线的文档评审插件，即评审在线文档时可以直接派生评审问题的待办项，这些都能大大强化评审的记录与跟踪。

PR 3.1　分析同行评审的结果和数据

可以分析缺陷密度、评审速度、缺陷类型的分布等，如何分析同行评审的度量数据请参考《术以载道——软件过程改进实践指南》的 8.9 节。

2017 年 10 月，一家软件公司给我提供了如下的一个代码评审的案例：他们采集了 8 个项目的代码评审数据，虽然样本数量不多，但是仍然可以发现一些规律。

原始的度量数据如表 5-5 所示，包括代码评审发现的缺陷密度与代码评审速度。这两者是什么关系呢？

表 5-5　8 个项目的代码评审缺陷密度与评审速度

项目序号	评审缺陷密度（个/KLOC）	评审速度（LOC/小时）
1	60	200
2	40	100
3	50	150.38
4	10.77	866.67
5	6	1857.14
6	3.03	3295
7	15	1000
8	6	2000

这两个变量的散点图如图 5-1 所示。

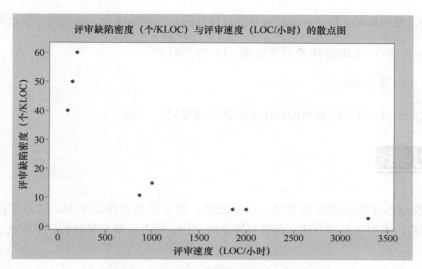

图5-1　评审缺陷密度与评审速度的散点图

通过对上述的散点图进行观察，可以发现：

（1）评审缺陷密度与评审速度是曲线相关的；

（2）随着评审速度的提高，发现的缺陷越来越少。

如果对缺陷密度进行变换，令 new y= 1/sqrt（评审缺陷密度），重新画散点图，如图 5-2 所示。

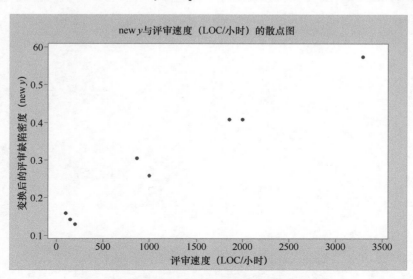

图5-2　变换后的缺陷密度与评审速度的散点图

上图中，变换后的 y 与评审速度可以进行线性回归方程的建立，得到的方程如下：

new $y = 0.1343 + 0.000138 \times$ 评审速度（LOC/ 小时）

因此，逆向推导回去：

评审缺陷密度 $= 1/（0.1343 + 0.000138 \times$ 评审速度$)^2$

5.4 小结

PR 实践域的实践描述通俗易懂，很好理解，但在很多软件组织中，这种手段却没有得到很好的推广，本质上是没有建立起同行评审的文化。所以，树立良好的评审文化也是极其重要的。

- ▶ 不要走过场，有投入才有产出，走马观花的评审看似省时，实际是一种极大的浪费。

- ▶ 不要搞批斗，对事不对人，同行评审的主要目的是发现缺陷。

- ▶ 不要拉壮丁，不是谁有空谁来，而是要真正的领域专家来。

- ▶ 不要一言堂，集体智慧往往大于个体智慧，要激发参与者的积极性。

第 6 章

验证和确认（VV）

6.1 概述

验证（verification，VER）和确认（validation，VAL）是两个不同的概念，在 CMMI 1.3 中是两个不同的过程域，在 2.0 版本中合并成了一个实践域，命名为验证和确认（Verification and Validation，VV）。

验证和确认的区别，可以通过表 6-1 来描述。

表 6-1　验证和确认的区别

比较项	验证（verification）	确认（validation）
目的	确保所选择的工作产品满足指定的需求	当产品或者产品组件被置于其实际环境中时，产品或者产品组件能够满足其所期望的需求
重点	做法是否正确，强调中间过程的正确性	结果是否正确，强调结果的正确性
参照物	验证对象所对应的需求，如验证设计时参照需求规格，验证代码时参照详细设计等	最初的原始需求，例如用户的真正意图
可采用的方法	需求梳理、需求评审、设计评审、代码评审、单元测试、集成测试、系统测试、DoD 等	用户评审、用户划分优先级、原型、模拟、验收测试、用户反馈使用意见、试运行、冲刺评审、验收标准定义等

验证和确认的差别，也可以类比上体育课时的两个口令：向前看齐与向排头看齐，前者可以类比为验证，后者类比为确认，如图 6-1 所示。

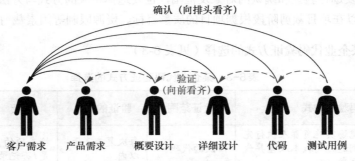

图 6-1　验证和确认的类比

6.2 实践列表

本实践域的实践列表参见表6-2。

表6-2 验证和确认（VV）实践列表

实践域	实践编号	实践描述
VV	1.1	执行验证以确保需求已被实现，并记录和沟通验证结果
VV	1.2	执行确认以确保解决方案在目标环境中能发挥预期的作用，并记录和沟通结果
VV	2.1	选择验证和确认的部件及方法
VV	2.2	建立、使用支持验证和确认的环境并保持更新
VV	2.3	制订、遵从验证和确认的规程并保持更新
VV	3.1	制订、使用验证和确认的准则并保持更新
VV	3.2	分析并交流验证和确认的结果

6.3 实践点睛

VV 1.1 执行验证以确保需求已被实现，并记录和沟通验证结果

VV 1.2 执行确认以确保解决方案在目标环境中能发挥预期的作用，并记录和沟通结果

这两条实践就是要求执行验证和确认，并记录验证和确认的结果。

记录是为了沟通，有的企业已经使用了缺陷或测试管理系统，却没有利用系统生成测试结果或报告，既无法保证沟通结果与实际记录一致，也增加了重复工作。

VV 2.1 选择验证和确认的部件及方法

对哪些工作产品、产品部件执行验证和确认；采用哪些手段，如单元测试、代码走查、静态扫描、系统测试、结对编程等。

该实践既要选择验证和确认的对象及范围，也要选择相应的方式与方法，可以在组织级统一规定，也可以在项目裁剪阶段根据项目的质量目标、资源限制等因素裁剪决策。

【案例】某企业代码验证方式的选择（见表6-3）

表6-3 某企业代码验证方式的选择

代码验证方式	验证范围	验证的投入	记录	研发类项目	工程类项目
发布前复查，现场实施负责人执行完自测，提交自测通过的版本及差异代码记录给代码走查小组	修改的代码	每次复查半天以内	检查项的是/否记录	推荐	必须

续表

代码验证方式	验证范围	验证的投入	记录	研发类项目	工程类项目
日常代码抽查，每天/周，由资深技术人员抽选代码进行走查，常见的抽选规则有： （1）Sonar 分析结果不佳的代码； （2）新人的代码； （3）关键业务相关的代码； （4）实现难度大的代码； （5）代码物理复杂高（圈复杂度高）的代码； （6）按比例抽取； （7）按时间（每周第1天的代码）	按照抽查规则确定	每次至少1小时	口头或者邮件说明	必须	推荐
代码自查，使用自查的检查单进行检查	新发版本的所有代码	每次自查1小时	检查项的是/否记录	推荐	必须
工具检查，Sonar 分析，每次构件触发一次，建议制订各类工具检查结果修复的最低要求	每次构件时代码服务器上所有的代码	取决于发现问题的修复工作量	Sonar服务器	必须	推荐

VV 2.2 建立、使用支持验证和确认的环境并保持更新

环境包括软件工具、硬件工具、测试设备等。

有些工具可以是自己开发的，有些工具是采购来的。

验证和确认的环境与产品实际执行的环境可能存在差异，这是一个常见的风险。

验证和确认环境的搭建很可能是复杂、易错的，所以应该将环境搭建及维护的步骤与经验形成指南或者脚本；验证和确认环境也可能是共享的，此时环境的搭建、分配、清理、归还等也可以形成专门的管理规范。图 6-2 展示了某企业的测试环境管理规范。

【案例】某企业测试环境管理规范所包含的内容

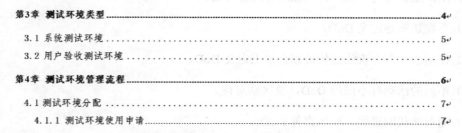

图6-2　某企业测试环境管理规范所包含的内容

图6-2　某企业测试环境管理规范所包含的内容（续）

VV 2.3　制订、遵从验证和确认的规程并保持更新

规程即具体的操作步骤，即如何具体做验证和确认，从前期的准备到执行过程，以及事后的分析。规程也可以通过工具和脚本实现，例如通过持续集成工具实现代码的编译、构建、打包、部署、测试等一系列步骤。

VV 3.1　制订、使用验证和确认的准则并保持更新

准则包括了验证和确认的检查单、测试用例、验证和确认启动的条件、结束的条件。准则中应该包含质量标准，更推荐使用量化准则。需要注意的是，准则是需要恪守的底线，而不是目标。

敏捷方法中的 DoD（Definition of Done，完成标准的定义）是该实践在敏捷环境下的一种变体，下述 DoD 制订的规则也可以沿用到验证和确认的准则制订中。

（1）团队成员协商一致，并确保所有人都可视。

（2）不要让领导定义 DoD。

（3）在需求梳理会议或迭代策划会议上定义 DoD。

（4）不同的活动有不同的 DoD，要区别对待。

（5）随着迭代的进展，逐步完善 DoD。

（6）在迭代回顾会议上讨论对 DoD 的优化修改。

（7）DoD 越弱，技术债务积累得越多，后期风险越大。

（8）质量投入的活动要包含在 DoD 中，如各种测试、评审、重构活动等。

VV 3.2　分析及交流验证和确认的结果

对验证和确认的结果的分析包括：

▶　验证和确认投入的充分程度分析、覆盖率分析；

▶　缺陷的趋势分析；

▶　各种缺陷类型的分布分析、严重程度分析、原因分析等；

▶　根据分析结果识别应采取的纠正措施、改进建议等。

对测试进行投入与产出分析时，可以采集图 6-3 所示的度量数据：

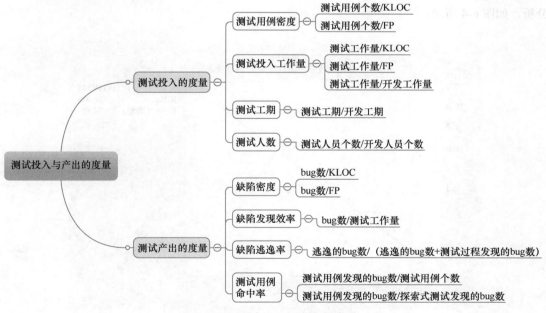

图6-3　测试投入与产出的度量

【案例】测试的单位投入与单位产出之间的关系

某企业采集了 17 个项目的历史数据，如表 6-4 所示。

表6-4　某企业测试投入与产出的历史数据

序号	缺陷密度	测试投入	序号	缺陷密度	测试投入
1	0.08	0.28	10	0.43	1.2
2	0.08	0.26	11	0.12	0.25
3	0.15	0.72	12	0.24	0.4
4	0.14	0.49	13	0.39	1.19
5	0.52	0.93	14	0.2	0.32
6	0.77	0.98	15	0.27	0.39
7	0.29	0.55	16	0.08	0.12
8	0.29	0.49	17	0.06	0.05
9	0.86	1.82			

缺陷密度的计量单位为 bug 数 /KLOC，测试投入的计量单位为人·天 /KLOC。画散点图分析，如图 6-4 所示。

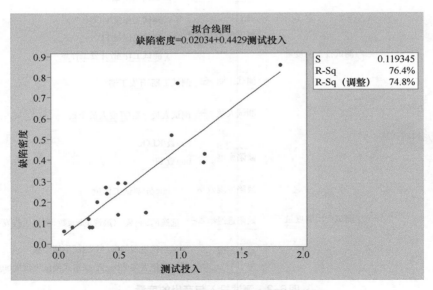

图6-4　某企业测试投入与产出的散点图

由图 6-4 可以看到测试的单位投入与产出之间是强相关的。

对缺陷的趋势进行分析时，Gompertz 模型是一个很好的预测工具。强烈推荐测试人员熟练掌握该工具，进行遗留缺陷数的预测。对于该方法，笔者曾经讲过一门网络公开课，叫作"Gompertz 模型——增长趋势预测利器！"，有兴趣的读者可以在"艾纵咨询服务号"微信公众号中学习一下。

验证和确认结果的记录往往也会涉及各种工具，例如代码走查工具、代码扫描工具、缺陷管理工具、测试管理工具。所以对结果的分析与交流要尽量利用工具，要学会解读工具分析结果。

【案例】利用 Sonar 检查代码后的结果分析（见图6-5）

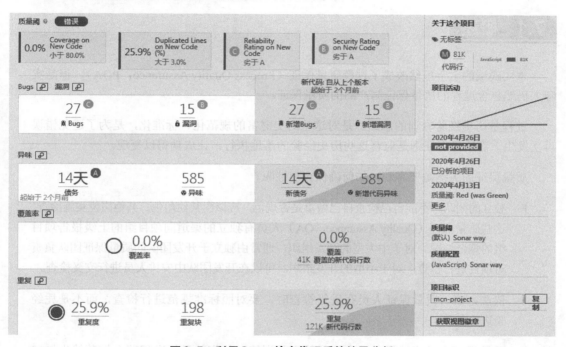

图6-5　利用Sonar检查代码后的结果分析

6.4　小结

在研发过程中持续地进行验证和确认是基本原则。验证和确认是互补的，缺一不可。只做验证不做确认，就无法及时发现对客户需求的偏离；只做确认不做验证，一是无法及时发现开发过程中的错误，返工的成本极其昂贵，二是确认活动自身的成本也会大幅提高。所以在业内都是同时提及验证和确认（V&V），而不是验证或确认（V or V）。

第 7 章

过程质量保证（PQA）

7.1 概述

本实践域的名字虽然改成了过程质量保证（Process Quality Assurance，PQA），但是实际上仍然包含过程的质量保证与产品的质量保证。

过程是历史经验教训的总结，是对这些历史财富的规范化、标准化，是为了避免错误再次发生，而质量保证则是监督这些历史经验的落地执行，让成功得以复现。

质量保证的关键是要客观，如何确保客观性呢？

▶ 独立的团队。不能自己检查自己做事是否规范，应该由其他角色、其他岗位实施检查。这些质量保证（Quality Assurance，QA）人员有独立的渠道向项目组的上级报告项目组的规范情况。对于中大型的开发组织，通常由独立于开发团队的质量保证团队负责对项目进行检查，对于小型的开发组织，可以在开发团队中安排人员进行交叉检查。

▶ 依法办事。质量保证人员在进行检查时，要对照标准规范进行检查，而不是凭经验进行检查。

▶ 质量保证人员应该经过了专门的培训与训练。他们熟悉标准规范，知其然也知其所以然，掌握了检查和沟通的方法。

7.2 实践列表

本实践域的实践列表参见表 7-1。

表 7-1 过程质量保证（PQA）实践列表

实践域	实践编号	实践描述
PQA	1.1	识别和处理过程及工作产品的问题
PQA	2.1	基于历史的质量数据，制订、遵从质量保证方法和计划并保持更新

实践域	实践编号	实践描述
PQA	2.2	在整个项目过程中，对照文档化的过程和适用的标准客观评价选中的、已执行的过程和工作产品
PQA	2.3	交流质量问题和不符合问题并确保它们得到解决
PQA	2.4	记录并使用质量保证活动的结果
PQA	3.1	在质量保证活动期间，识别和记录改进机会

7.3 实践点睛

PQA 1.1   识别和处理过程及工作产品的问题

为了改进质量和提高性能，本实践要求识别并处理两方面的问题：过程的问题及工作产品的问题。

过程的问题通常与项目某些活动缺少标准规范或不能有效执行规范有关；工作产品的问题有别于通过同行评审或测试发现的产品 bug，主要指不符合组织级标准规范的问题，如文档缺少应该编写的章节、文档格式不当、术语前后使用不一致等。

对这两方面问题的处理方式可以是：

▶ 修正工作产品的问题；

▶ 重新执行活动；

▶ 采取补救或改进措施，比如个别人员的代码缺少注释，则可要求他们增加注释；

▶ 当下不做处理，但要求相关人员将来执行同样活动时改变不当做法。

PQA 2.1   基于历史的质量数据，制订、遵从质量保证方法和计划并保持更新

大多数企业不具备针对所有的项目、所有的过程配备质量保证资源的条件，本实践的主要目的就是基于历史的质量数据，针对过程质量的短板和风险项，有的放矢地计划质量保证的投入与检查的方法。

历史的质量数据包括但不限于如下内容：

▶ 历史项目发现的问题及其分布；

▶ 常见的和屡现的问题及其分布；

▶ 历史项目的经验教训及改进建议；

- 历史项目的度量数据及其分析结论；

- 组织过程本身的稳定性。

质量保证检查的方法通常有 3 种：

- 检查文档的有无、是否符合模板；

- 旁观活动的执行；

- 事后访谈过程的执行者。

从检查及时性和深入性上，旁观活动是最高效的，但对质量保证本身的能力要求较高；查文档的有无是最常见的，但容易陷入"文档督查"的低效模式中，实践中应该加以平衡。

在制订质量保证计划时，要选择本项目要参考的标准规范，这些标准规范可能有：

- 国际的标准；

- 国家的标准；

- 行业的标准；

- 公司的标准；

- 客户指定的标准；

- 项目组自己定义的标准。

质量保证计划中通常包括的内容有：

- 参考的标准规范；

- 质量保证人员；

- 需要检查的过程或活动；

- 需要检查的工作产品；

- 抽样检查的比例；

- 检查时机；

- 检查的方法；

▶ 问题报告渠道；

……

质量保证计划可以简单也可以完备，最简单的质量保证计划可以就是一页纸、一张表。

【案例】某客户的一页纸质量保证计划（见表7-2）

表7-2 一页纸质量保证计划

周次	文档						过程						
	客户需求	软件需求	概要设计	详细设计	研发计划	测试用例	项目策划	项目监督	风险管理	需求开发	设计	集成	测试
第1周	Y	Y			Y					Y			
第2周				Y				Y	Y	Y			Y
第3周											Y		
第4周								Y	Y	Y			Y
第5周						Y	Y				Y		
第6周						Y		Y	Y				
第7周													Y
第8周								Y	Y				
第9周							Y						
第10周								Y	Y				Y
第11周												Y	Y
第12周								Y	Y			Y	
第13周	Y	Y	Y	Y									

"周次"这一列为项目的时间线，在项目组中会输出一些关键文档和关键过程，如果在某个周次需要对某篇文档或某个过程做检查，则标上 Y，如果没有按期完成，则用红色显示，如果延期实施，则用黄色表示，如果按期实施了检查，则用绿色表示。如果以列来看，就可以发现某篇文档或某个过程在整个项目进展过程中是否被计划了检查活动，如果以行来看，就可以发现某个周次是否有质量保证的活动。

PQA 2.2　在整个项目过程中，对照文档化的过程和适用的标准客观评价选中的、已执行的过程和工作产品

质量保证的活动要贯穿项目始终，从项目开始持续到结束，早发现、早修复问题的成本是最低的。

对过程与工作产品都要进行检查，检查时要依据文档化的标准规范，基于标准规范以及历史发现的不符合问题制订每次检查的检查单。检查单的制订要点如下：

▷ 反映了文档与过程重点；

▷ 根据检查项的命中率对检查项进行排序；

▷ 每个检查项都是"是/否"类型的封闭式问题；

▷ 从同一个维度描述"是/否"，例如遵循规范的话一律都为"是"。

并非所有的文档和过程都需要进行检查，可以抽样检查；在不同的时机下检查的活动或工作产品也应该不同，常见的检查时机包括：

▷ 交付给客户之前；

▷ 入基线之前；

▷ 同行评审之前；

▷ 里程碑评审之前；

▷ 正式发布报告或结论之前；

……

为了提升检查的客观性与准确性，可以在检查单中明确检查的方法，如表 7-3 的案例所示。

表 7-3　包含检查方法的过程质量保证检查单

序号	类别	检查点	检查方法
1		测试方案是否文档化并经过评审	检查是否有测试方案文档
2		测试的环境部署、人力资源是否已经写入测试方案	检查测试方案是否包含测试环境和人员的安排
3		测试前测试人员是否编写了测试用例且通过评审	检查测试用例是否存在，检查测试用例的评审记录是否存在
4		测试期间的缺陷日志是否进行了记录、跟踪并关闭	检查测试缺陷跟踪记录是否完整
5	过程	测试完成后，测试人员是否按要求进行了测试总结且发给相关人员	检查测试总结报告是否存在，检查发送总结的邮件是否有人员遗漏
6		测试系统是否是从一个经授权的配置管理源中得到的	检查内部版本发布记录是否和测试版本相同
7		被测试的模块是否都通过了单元测试	检查单元测试记录是否存在
8		《产品需求说明书》中的全部功能、性能、稳定性和可靠性是否进行了测试	检查测试方案和测试缺陷记录、测试总结报告中是否包含非功能测试

续表

序号	类别	检查点	检查方法
9	过程	是否对系统执行了所有的测试用例	检查测试记录是否有遗漏的用例未执行
10		是否所有的重要等级为"严重"的bug已经解决并由测试验证了	检查测试报告和缺陷追踪记录是否一致,是否有"严重"bug未处理
11		没有处理的bug,是否对其进行记录并控制	检查测试缺陷记录和测试总结报告中对未处理的bug是否有说明
12		测试结论是否按照"测试结束标准"得出	检查测试总结报告中测试情况是否符合结束标准
13		测试报告是否纳入配置管理	检查测试报告是否依据计划在合适的受控库中管理
14		是否确定了集成顺序	检查设计或计划文档是否包含集成策略
15		是否建立产品集成完成标准	
16		是否根据集成测试计划实施集成测试,并文档化	检查是否有集成测试的正式记录
17	产品	是否针对测试过程产生的问题进行报告和分析,并采取了相应的纠正措施	检查测试缺陷追踪记录是否完整
18		测试报告是否包括由失败引起的再测试	测试总结报告是否总结了各轮次的测试情况
19		测试用例、测试报告是否符合模板要求	检查测试用例和测试总结报告是否符合模板要求

质量保证检查单的维护往往也是质量保证工作中投入较大的环节,可以将质量保证的检查单与项目的裁剪表融合在一起,以降低维护的工作量和不一致性的产生。如表7-4的案例所示,该模板在实际使用中,主要定制"重点细节检查"这一列就能满足大部分项目的情况。

表7-4 与裁剪表融合的过程质量保证检查单

阶段	活动名称	输出	6项常规检查						重点细节检查
			活动是否执行	活动的角色是否满足要求	活动的时机是否满足要求	输出是否制订	输出是否使用模板	内容填写是否完整	
项目内部启动	项目管理分级	项目管理等级	×	×	×	×	×	×	
	立项审批	项目立项申请单	×	×	×	×	×	×	
	建立立项信息	项目立项通知单	×	×	×	×	×	×	
	项目经理任命	项目经理任命书	×	×	×	×	×	×	

续表

阶段	活动名称	输出	6项常规检查						重点细节检查
			活动是否执行	活动的角色是否满足要求	活动的时机是否满足要求	输出是否制订	输出是否使用模板	内容填写是否完整	
项目内部启动	组建项目团队	项目人员角色分工表	×	×	×	×	×	×	
	选择生命周期模型	项目生命周期定义	×	×	×	×	×	×	
	标准过程裁剪	项目已定义过程	×	×	×	×	×	×	裁剪理由是否说明；裁剪结果是否通过EPG的审批
	确定约束和假设条件	项目计划	×	×	×	×	×	×	
	基本WBS分解细化	WBS	×	×	×	×	×	×	是否至少分解到3层以上，任务是否分解到15人·天以下

注：EPG（engineering process group），工程过程组，负责组织的过程与建立；WBS（work breakdown structure），工作分解结构，任务的层层详细拆分。

PQA 2.3　交流质量问题和不符合问题并确保它们得到解决

首先和不符合问题的当事人沟通问题；如果当事人拒绝问题或不按时解决问题，则可以逐级上报问题。

如果管理者对不符合问题进行了豁免，需要记录；如果豁免的次数比较多，需要进行反思，是标准规范本身不合理，还是公司缺少质量保证的文化。建立质量保证文化的一个重要方法，就是各级管理者要尊重公司的标准规范，而不能总是法外施恩，管理者违反标准规范。

对于不符合问题要进行横向分析，看看其他项目是否有此问题，是否有其他类似的问题。

质量保证人员的沟通技巧也很关键，在沟通时要注意如下的原则：

▶　客观陈述事实；

▶　以标准规范为依据；

- ▶ 对事不对人；

- ▶ 不激化与当事人的矛盾；

- ▶ 耐心陈述问题；

- ▶ 以面对面沟通为主；

- ▶ 要当事人知其然也知其所以然。

【案例】质量保证人员沟通不当

某软件公司的董事长平时不过问公司的具体事务，某日外出沟通交流学习，看到其他公司很重视质量，于是回到公司后就叫来质量经理汇报工作。

质量经理觉得很突然，没有做事先准备，当董事长问起当前存在的质量问题时，就汇报了某项目存在的不符合问题，项目经理未能按时修改，董事长大怒，严厉批评了该项目经理，项目经理很委屈，认为那仅仅是一个无足轻重的问题，却被质量经理打了小报告，于是回头就和质量经理吵了起来。

可以通过 Jira 之类的问题跟踪系统，对不符合问题进行记录，跟踪其直至其关闭。对不符合问题的记录包括但不限于如下内容：问题描述、发现人、发现日期、计划修复日期、责任人、实际修复日期、问题关闭日期。

PQA 2.4　记录并使用质量保证活动的结果

质量保证活动的记录包括但不限于：

- ▶ 质量保证计划；

- ▶ 质量保证计划跟踪记录；

- ▶ 不符合项记录；

- ▶ 不符合项的关闭记录；

- ▶ 对不符合项的统计分析报告；

- ▶ 质量保证活动的总结报告；

- ▶ 质量保证活动的度量数据、经验教训总结等。

这些记录要保留下来，充实到组织过程财富库中，便于将来的项目借鉴使用。

PQA 3.1　在质量保证活动期间，识别和记录改进机会

对于发生频率比较高的不符合问题要进行反思，分析是否是标准规范定义得不合理，从而识别出标准规范的改进点，也有可能不必修改标准规范，而是加强标准规范在组织内的培训、推广力度。

质量保证人员与项目组打交道比较多，可以听到、看到很多好的或坏的现象，从中可以识别出改进的机会，识别的改进机会要提交到 EPG，进行评价、筛选，以确定是否纳入组织级改进。

7.4　小结

质量保证的各类工作应该以过程为主，工作产品为辅，但在很多企业中却被颠倒了，这往往是因为忽视了质量保证的理论基础：一个"好"的过程可以确保产生"好"的结果。所以质量保证人员在开展工作时，要多问原因是什么、如何预防、如何改进，规范性与有效性、短期与长期兼顾。

表 7-5 是从预防与改进的角度，对屡现的不符合项进行原因归类后的对策。

表 7-5　不符合项的症状与对策

症状	对策
不知道	备忘：提醒与提示（能利用工具的就利用工具）。 防呆：将过程集成到系统或模板。 造势：宣传画、红黑榜
不会做	指导：讲解与培训。 便利：打印成手册随时翻阅。 防呆：将过程集成到系统或模板
不习惯	造势：宣传画、红黑榜。 防呆：将过程集成到系统或模板。 借力：管理层参与或仲裁
不适合	定制：裁剪和微调。 榜样：案例与范例
不愿做	造势：宣传画、红黑榜。 借力：管理层参与或仲裁。 榜样：案例与范例

注：防呆（日语：ポカヨケ；英语：fool-proofing）是一种预防矫正的行为约束手段，运用避免产生错误的限制方法，让操作者不需要花费注意力、也不需要经验与专业知识即可直接无误地完成正确的操作。在工业设计上，为了避免使用者的操作失误造成机器或人身伤害（包括无意识的动作或下意识的误动作或不小心的肢体动作），会针对这些可能发生的情况来做预防措施，称为防呆。

第 8 章

估算（EST）

8.1 概述

估算（Estimating，EST）是 CMMI 2.0 中新增的一个实践域，从 1.3 版本中的 PP 与 IPM 过程域中剥离了一些实践过来。

估算是承诺的基础，充分沟通是估算的基础。

估算可能是逐步细化的，并非仅在项目初期估计一次。初期的估算与实际结果偏差比较大，需要随着获得信息量的增加，不断优化初期的估算结果。因此，承诺也应是多版本的，会逐渐调整承诺。

估算要有方法论，要根据估计的结果与实际的偏差率不断调整，优化估算方法。

估算时做出的假设要进行沟通和记录。

8.2 实践列表

本实践域的实践列表参见表 8-1。

表8-1　估算（EST）实践列表

实践域	实践编号	实践描述
EST	1.1	建立一个粗略的估算以开展工作
EST	2.1	建立、使用估算对象的范围并保持更新
EST	2.2	建立解决方案的规模估算并保持更新
EST	2.3	基于规模估算，估计并记录解决方案的工作量、工期和成本，并记录估算的依据
EST	3.1	制订文档化的估算方法并保持更新
EST	3.2	使用组织级的度量库和过程资产来估算工作

8.3 实践点睛

EST 1.1　建立一个粗略的估算以开展工作

在项目初期需要估算规模或复杂度、工作量、工期、成本等。基于概念需求的"工作量初算"是估算中一个很常见的场景，可以参考表 8-2 所示的方式固化估算方法。

【案例】立项 / 售前阶段项目工作量粗略估算的 4W1H 场景（见表 8-2）

表8-2　立项/售前阶段项目工作量粗略估算的4W1H场景

4W1H	说明
Why：为什么估	项目资源和工期安排的依据
	项目间资源调配的参考
	商务报价参考
When：何时估	项目立项
	售前阶段
Who：谁来估	必须：项目经理、需求人员
	建议：测试代表也参与
What：估什么	项目总工作量
How：怎么估	输入：功能清单。 方式：采用专家 Delphi 经验法、类比法、计数法，依据功能清单估算工作量并汇总。 输出：功能清单中的工作量估算记录

EST 2.1　建立、使用估算对象的范围并保持更新

列举所有的估算对象：需求、交付物、任务或活动，通常以需求清单、交付物列表、WBS 等方式体现。上述估算对象的范围随着项目的进行也会发生变化，所以需要持续更新维护。

对于估算对象的范围，需要注意以下几点。

（1）工作任务的范围往往大于需求的范围，例如管理与协调的任务、培训新人的任务、各类环境搭建准备的任务等，估算时不要遗漏这些工作。

（2）尽量将估算对象的颗粒度拆细，例如任务的颗粒度要拆分到 10 人·天以内。

（3）参与估算的人员对需求或任务完成的标准 DoD（Definition of Done）要达成一致理解。

EST 2.2　建立解决方案的规模估算并保持更新

解决方案即交付的产品或服务。

在估算工作量、工期及成本之前，应该先估计规模。大部分场景下规模是工作量的主要影响因子，小部分场景下可能是复杂度或其他因子主要影响了工作量。正如当我们估计一个人的体重时，我们首先关注的是这个人的身高，因为身高在很大程度上影响了体重。

规模可以是物理规模或逻辑规模，也可以是相对规模，相对规模无法进行跨项目的比较。

- ▶ 物理规模：
    - — 代码行；
    - — 页数；
    - — 字符数。

- ▶ 逻辑规模：
    - — 功能点（Function Point）；
    - — 用例点（Use Case Point）；
    - — 特征点（Feature Point）；
    - — 测试点（Test Point）；
    - — 数据点（Data Point）；
    - — 自定义功能点（Customized Point）。

- ▶ 相对规模：
    - — 故事点（Story Point）。

可以采用业内的标准的度量方法，或者采用本组织自定义的方法。可以是经验的方法，也可以是客观的方法。表 8-3 对常见的 3 种规模估算方法的优缺点进行了比较。

表 8-3　3种规模估算方法的优缺点比较

优缺点	代码行	标准功能点	自定义功能点
优点	符合开发人员的思维习惯；度量成本最低	结果客观，不依赖于人；与技术平台无关；已形成ISO标准，不同系统间具有可比性	同一类系统下，优点与标准功能点方法相同；首次导入的成本一般低于标准功能点
缺点	估算结果的个人差异较大；取决于使用的技术平台；标准化程度低，同一个项目中的代码行也可能不可比	需要专门的培训并培养估算人员；首次导入成本较高，周期较长	不同系统间是否可比的不确定程度高；方法的合理性需要时间验证，需要对度量方法持续完善维护；无法与行业数据进行对标分析

在国际标准的功能点度量方法中，ISO 19761 COSMIC 方法是最科学、最简单易学的第二代功能点方法，是笔者在实践中强烈推荐的方法。想要学习该方法的读者可以到笔者的"COSMIC 规模度量方法"系列 CSDN 博客中读一下专题文章。

EST 2.3 基于规模估算，估计并记录解决方案的工作量、工期和成本，并记录估算的依据

估计了规模之后，基于规模估计工作量和成本，基于估计的工作量与任务之间的先后顺序关系，估计工期，并记录估算的理由。

从规模到工作量的估算方法有多种：

▶ 经验估算，如宽带 Delphi 方法、三点估算法、类比法、定额法、故事点方法等；

▶ 基于历史数据换算，规模 / 生产率；

▶ 基于历史数据建立回归方程；

▶ 基于不同工作类型之间的比例关系换算；

……

如果积累了组织的生产率历史数据，应该以包含上下限的基线形式提供，而不是仅仅给出一个均值，因为个体间效率的极端差异可能会达到 10 倍，团队间的效率差异也可能达到 3 倍，在估算时根据工作执行主体的经验、技能水平等在上、下限之间选择一个相对合理的生产率。

按照软件研发的"规模不经济"规律，工作量增长的速率一般高于规模增长的速率（例如规模翻一番，工作量可能会扩大 2 ~ 4 倍），所以如果建立规模与工作量的回归模型，应该观察模型的分布规律是否有非线性增长的态势。

成本的估算对于软件项目而言主要是人工成本，一般由工作量与人员单位成本相乘得到；有的项目有采购成本、差旅费用等，这些费用需要另外估算。

在估计工期时，可以识别出关键路径，然后采用蒙特卡洛模拟的方法模拟出工期的分布区间。

EST 3.1 制订文档化的估算方法并保持更新

组织级要根据历史的经验教训，定义统一的估算方法，项目组基于组织级统一的方法进行估算，并基于自己的项目的特点进行调整或裁剪。

制订估算方法时，先梳理估算的不同时机，再定义详细的估算方法。图 8-1 展示了常见的 3 种估算时机。

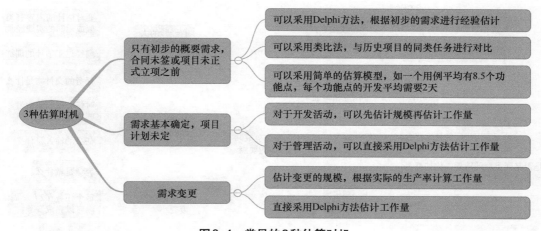

图8-1　常见的3种估算时机

估算方法定义时，如果是简单的估算方法（如三点估算），可以用模板的形式固化方法；如果是复杂的估算方法（如自定义功能点），则需要定义具体的规则。

选用了某种估算的方法后，需要让估算人员掌握方法的原理、规则和优缺点。以敏捷中的策划扑克为例（见图 8-2），很多估算人员实际上并没有真正把握其优缺点。

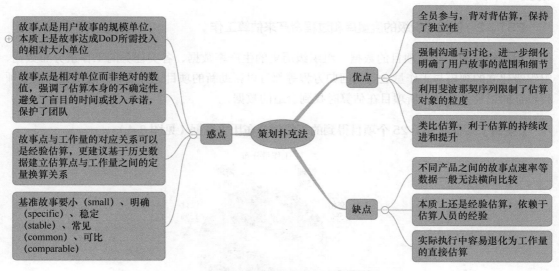

图8-2　策划扑克的优缺点

此外，为了提升估算的能力，仅有估算方法还是不充分的，应该从图 8-3 所述的 7 点全盘改进。

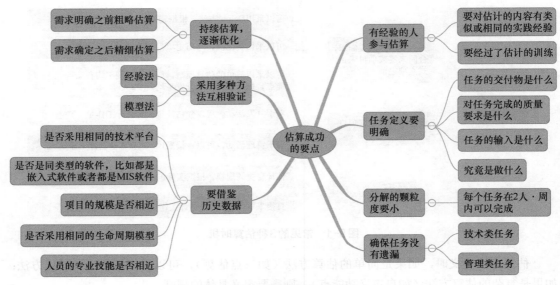

图8-3　估算成功的7个要点

不同场景采用的估算方法不同，具体指南参见《术以载道——软件过程改进实践指南》的4.12.6 小节。

EST 3.2　使用组织级的度量库和过程资产来估算工作

组织级历史，类似项目的数据、组织级历史的生产率数据、各类任务的工作量分布数据、组织级建立的规模与工作量之间的回归方程等都可以帮助新的项目进行估算。组织级对历史项目特征的记录，有助于新项目在估算时找到合适的数据。

【案例】某企业基于 25 个项目得到的工作量分布历史数据（见图 8-4）

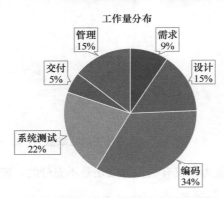

图8-4　某企业的工作量分布历史数据

【案例】某企业基于 16 个项目得到的 COSMIC 功能点个数与开发工作量之间的回归方程（见图 8-5）

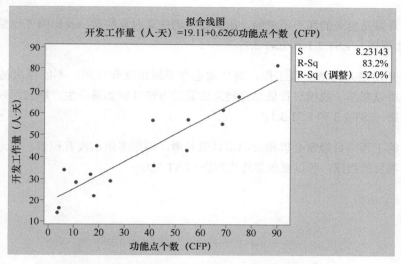

图 8-5　某企业功能点个数与开发工作量之间的回归分析

8.4　小结

工作量估算，特别是软件工作量估算，一直是项目管理中承诺风险最高的环节，图 8-6 展现了在项目的不同阶段估算值与实际值可能的偏离程度，例如，即便在需求基本确定后，估算值与实际值的偏离依然可能高达 200%。虽然随着时间的推移，估算的确定性会大幅提升，但估算本身的价值也会明显降低。

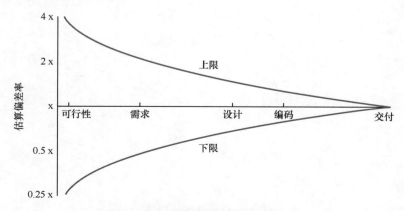

图 8-6　软件工作量估算的不确定性

常见的导致软件估算的不确定性如此之高的难点如下，在本实践域的实践中已经给出了一些对应的手段。

▶ 软件开发是复杂的和不可见的，所以要明确估算对象的范围及影响工作量的关键因子（例如规模）：EST 2.1 和 EST 2.2；

▶ 软件开发是人力密集型工作，新技术也在不断出现和应用，不能以机械的观点来看待，所以要基于规模进行估算并建立估算的方法（例如基于生产率的回归方程）并保持更新：EST 2.3 和 EST 3.1；

▶ 传统的工程项目经常会以相近的项目做参考，而很多组织没有积累，也无法提供历史软件项目的数据，所以要积累历史数据：EST 3.2。

第 9 章

策划（PLAN）

9.1 概述

凡事预则立，不预则废。无论采用什么方法管理任务或项目，都必须事先做计划。有计划项目未必成功，但是没有计划，项目往往会失败。

在制订计划之前，要先分析项目的特征，根据项目特征确定项目的宏观策略、方法、生命周期模型，并根据组织级的标准过程裁剪得到项目组的过程。

做计划的过程是沟通的过程，计划要经过相关参与人的讨论、评审，达成一致后，做出承诺。

计划要逐步细化。不可能在项目初期，就事无巨细地都计划到位，要随着时间的推移、项目的进展、外部环境的变化，逐步细化、调整计划。

计划要分层次。有发布计划、迭代计划，或者有阶段（里程碑）计划、详细的日程表。

9.2 实践列表

本实践域的实践列表参见表 9-1。

表9-1　策划（PLAN）实践列表

实践域	实践编号	实践描述
PLAN	1.1	制订任务列表
PLAN	1.2	为任务分配人员
PLAN	2.1	制订完成工作的方法并保持更新
PLAN	2.2	策划执行工作需要的知识和技能
PLAN	2.3	基于文档化的估算，制订预算和进度并保持更新
PLAN	2.4	策划所识别的干系人的参与
PLAN	2.5	策划向运维和支持的移交

续表

实践域	实践编号	实践描述
PLAN	2.6	协调可用的和估计的资源，确保计划可行
PLAN	2.7	制订工作计划，确保其元素之间的一致性，并保持更新
PLAN	2.8	评审计划并获得受影响的干系人的承诺
PLAN	3.1	使用组织级的标准过程和裁剪指南，制订、遵从项目过程并保持更新
PLAN	3.2	采用项目过程、组织级过程资产和组织级度量库制订计划并保持更新
PLAN	3.3	识别并协商关键依赖
PLAN	3.4	基于组织级的标准，策划项目环境并保持更新
PLAN	4.1	使用统计和其他量化技术，开发项目的过程并保持更新，以促使质量和过程性能目标的达成

9.3　实践点睛

PLAN 1.1　制订任务列表

列出所有项目该做的事情。本实践对应的活动是建立工作分解结构（Work Breakdown Structure，WBS），即把工作拆分成一个个独立的、明确的任务，这是项目管理必须要做的。

WBS 的分解方式有多种，根据项目所涉及的行业、应用领域和客户要求的不同，项目可以选择适合的分解方式。

▶ 按产品功能分解：按照项目最终交付的软件产品的功能需求，逐层分解子功能、模块或类。

▶ 按阶段工作分解：按照项目定义的生命周期，划分项目阶段，定义阶段目标和可交付成果，逐层分解。

无论项目组选择哪种分解方式，建立有效、高可用、高质量的 WBS 都需要满足以下原则。

（1）100% 原则（The 100% Rule），也叫完备性原则。

该原则要求 WBS 包含项目范围内的所有任务，不能有遗漏。在项目的实际执行过程中，经常出现计划外的、又必须执行的项目组的任务，而不是项目组外的干扰活动。为了比较完备地识别任务，可以建立任务识别指南，以提醒项目经理。经常遗漏的任务包括：

— 项目管理类的任务，如项目计划、计划变更、计划评审、项目跟踪、风险与机会识别、风险管控等；

- 横向关联类的任务，如集成任务、需求跟踪矩阵的制订与更新等；
- 项目交付物的制作任务，如用户手册的编写、培训教材的编写等；
- 项目支持类的任务，如建立基线、配置审计、质量保证审计、度量数据收集与分析等。

（2）唯一性原则。

每个 WBS 元素应该只在 WBS 中的一个地方且只能在一个地方出现。

（3）逐步求精原则。

充分细化的 WBS 需要花费很长时间，而在项目前期也不可能完全考虑到或明确后期具体的工作内容。因此，在建立 WBS 时，除了根据项目所包含的主要工作内容建立完整的 WBS 外，只对近期的 WBS 元素进行细粒度的分解，而对后期的 WBS 元素做粗粒度的分解，只要能满足项目范围定义和主要交付成果识别的基本要求即可。

（4）责任到人原则。

本原则的内容参见下面的 PLAN 1.2 实践。

（5）层次原则。

WBS 的层次是指各 WBS 元素中最深的层次。项目 WBS 的层次深度依赖于项目的规模、可交付成果的复杂度、项目阶段、客户和公司对项目监管的要求。一般分解到 3 ～ 4 层即可，大项目可以分解到 5 层。WBS 的分解也是逐步完善、逐步细化的，而不是一次性分解到位的。

PLAN 1.2　为任务分配人员

任务需要人员来完成，每个任务都应责任到人。根据不同人员与任务的关系，可以细分为责任人、参与者、支持者等，可能还有临时角色存在。为任务分配人员时，要明确定义任务的责任人，避免把责任人定义为若干人员，因为这样可能导致责任不清晰、执行中互相扯皮等后果。

可以按照下述任务"五问法"进行任务的理解与分配。

▶ 任务是什么？

▶ 任务的输入和输出有哪些？

▶ 任务的完成标准是什么？

▶　任务的完成期限是多久？

▶　是否需要其他人员的协同或支持？

PLAN 2.1　制订完成工作的方法并保持更新

本实践中，"完成"（accomplish）的潜在含义是成功完成项目的工作，达成项目目标。

为此，本实践可能包括以下步骤。

▶　识别项目的目标。

▶　识别项目的约束和限制。

▶　在约束和限制的前提下，为了达成目标，制订或选择达成项目目标的路线、方法、手
段，举例如下。
　　－　选择生命周期模型，瀑布、迭代，还是增量？
　　－　选择技术实现方法，是结构化方法，还是面向对象的方法，或是模型驱动的
　　　　方法？
　　－　是否需要将软件开发外包出去？
　　－　是否要采用原型方法？
　　－　是采用传统的开发模式，还是敏捷的开发方法？
　　……

所以这是对如何做项目或任务进行顶层的、宏观的管理设计！

PLAN 2.2　策划执行工作需要的知识和技能

这条实践要求项目组思考以下问题。

▶　项目组成员有哪些应知应会的？

▶　有哪些应知不知，应会不会的？

▶　如何获得这些不知不会的？是培训，还是从其他项目组或部门抽调人过来，或是外部
招聘？

▶　对应的培训计划、人员配备计划、招聘计划。

项目组对知识和技能进行分析的结果，不论是需要培训，还是重新调配人员，或是招聘新
人，都要被看作待执行项目任务的一部分，并列入计划。

【案例】某公司项目的知识技能管理计划（见表 9-2）

表 9-2　某公司项目的知识技能管理计划

角色	姓名	知识技能要求	知识技能状况	提升措施
项目经理	张三	项目管理	已具备	
架构设计工程师	李四	软件设计、编码、物流业务知识	不具备物流业务知识	由实施工程师进行培训
软件设计工程师	王五	软件设计、编码	已具备	
软件研发工程师	××	编码	已具备	
需求人员/软件研发工程师	××	需求开发和管理、设计、编码	已具备	
硬件研发工程师	××	硬件设计	已具备	
测试工程师	××	测试、物流业务知识	不具备物流业务知识	由实施工程师进行培训
实施工程师	××	部署、联调、物流业务知识	已具备	

PLAN 2.3　基于文档化的估算，制订预算和进度并保持更新

基于需求的优先级、任务之间的依赖关系等，对任务排列先后顺序，识别项目的关键路径。给每项任务分配资源，识别项目的关键链。

关键路径是在资源无限的前提下，在活动图中识别出来的完成项目的最长路径。关键链是在分配了资源之后，由于资源有限，不能独占，而形成的完成项目的最长路径。这两者决定了项目的最快工期。如果想缩短工期，就必须要缩短关键链。

最常用的识别关键路径的方法有以下两种。

▶ 网络图。把所有任务（名称或编号）及任务间的关系、任务的计划花费时间等信息画成网络图，然后项目经理自己进行分析，识别从起始任务到最终任务的各种可能的路径，其中路径长度最长的即为关键路径。

▶ 使用 MS Project 工具。同样把任务的上述信息输入软件中，借助 MS Project 工具的强大功能来识别关键路径。

下面通过一个简单的项目案例，分别使用上述两种方法来识别关键路径。

【案例】某公司开办分支机构的任务清单（见表9-3）

表9-3 某公司开办分支机构的任务清单

序号	任务	前项任务	工期（天）
A	选址		21
B	建立财务计划		25
C	确定装修需求	B	20
D	装修设计	A、C	28
E	装修	D	48
F	选择搬迁的人员	C	12
G	招聘新员工	F	25
H	搬迁关键人员	F	28
I	训练新员工	E、G、H	15

方法1：画出网络图，如图9-1所示。

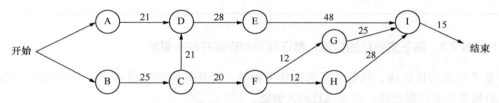

图9-1 某公司开发分支机构的网络图

可能的路径有以下4条：

（1）A-D-E-I；

（2）B-C-D-E-I；

（3）B-C-F-G-I；

（4）B-C-F-H-I。

通过时间长度计算可得路径（2）是关键路径，长度是137天

方法2：使用MS Project识别关键路径，如图9-2所示。

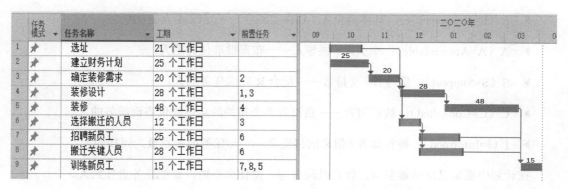

图9-2 使用MS Project识别关键路径

图9-2（见文前彩插）中右侧图形部分，5个红色小长条首尾链接，它们组成的任务链条就是项目关键路径。蓝色小长条对应的任务为非关键路径上的任务。当项目任务数很多，或任务间关系比较复杂时，使用 MS Project 等工具可以极大地节省关键路径分析的时间。

预算是对成本估算的审批结果，是管理者给出的成本上限，并且分配到时间上，即什么时间，投入哪些资金，投入在什么方面。

进度计划的编排，应该注意如下事项。

（1）识别出关键路径，关注非关键路径向关键路径的转换问题。

（2）缓冲时间要放置在里程碑处或项目结束处，而不是分配到每个任务中。

（3）缓冲时间要放置在关键路径中及与关键路径接驳的任务上。

（4）人员的分工工作量尽可能均衡。

（5）人员的任务分配要有连续性，减少切换成本。

（6）任务的颗粒度要尽可能小，尽可能多地识别出并行任务，缩短关键路径的长度。

进度计划有阶段计划与详细日程之分。在敏捷方法中有发布计划与迭代计划，至少2个层次。对于短周期迭代的敏捷项目，可以采用更简洁的步骤进行进度计划的安排，并直接体现在迭代待办事项列表（sprint backlog）中。

PLAN 2.4 策划所识别的干系人的参与

干系人分为几类：负责人、参与人、受影响的人、影响人。

也有的公司采用 RASCI 的方式识别干系人。

▶ R（R=Responsible）：具体负责人 / 具体实施者——完成 A 布置的任务。

▶ A（A=Accountable）：牵头人 / 领导人——布置批准任务的人。

▶ S（S=Support）：参与者 / 支持者——配合 R 完成任务的人。

▶ C（C=Consulted）：被咨询者——负责为各个相关的角色提供咨询服务的人。

▶ I（I=Informed）：被告知者 / 信息的接受者——与任务的关系最为间接的人。

在计划中要定义清楚谁参与，什么时间参与，做什么事情，要把任务责任到人。

在敏捷方法中是自己认领任务，而不需要管理者分配任务。

PLAN 2.5　策划向运维和支持的移交

开发向运维的移交活动有：

▶ 准备系统配置手册；

▶ 准备紧急情况应对方案；

▶ 设计系统备份方法；

▶ 确定移交接口人；

▶ 密码权限移交；

▶ 基础数据移交；

▶ 对运维人员进行技术培训；

▶ 和运维人员并行支持一段时间；

▶ 运维人员确认测试报告、系统安装配置手册、应急方案等；

▶ 交接手续确认；

▶ ……

这些活动也需要体现在计划中。

PLAN 2.6　协调可用的和估计的资源，确保计划可行

资源包括人、软硬件工具、设备、开发环境、资金等。资源总是有限的，比如有些公司测

试设备有限，不能给每个项目组、每个人配备足够多的样机，需要互相调配这些设施。因此，需要在估计的资源与可用的资源之间进行平衡，制订资源的使用计划，不要出现资源瓶颈而耽误项目的工期。

平衡的手段有多种，如：

▶ 详细排定资源使用的进度表；

▶ 减少对资源的需求；

▶ 寻求替代资源；

▶ 增加资源的供应；

▶ 资源不足时，外包任务或采购外部资源；

……

在敏捷方法中制订项目计划时，需要在多个层次进行平衡。

层次一：发布计划中要完成的用户故事的估算工作量不能超过本次发布周期内可以投入的工作量。

层次二：迭代计划中要完成的用户故事的估算工作量不能超过本次迭代周期内可以投入的工作量。

层次三：每个人领用的任务估算的工作量不能超过本人本次迭代内可以投入的工作量。

PLAN 2.7　制订工作计划，确保其元素之间的一致性，并保持更新

工作计划包含了总体阶段计划、详细的日程计划、各个专题的计划，这些计划彼此之间不能矛盾。比如，在开发计划中是 1 月 1 日交付第 1 个版本，而在测试计划中却是 1 月 10 日才开始测试，计划之间就存在不一致了。

项目计划书是最重要的一份项目管理文档。在此文档中可以包含如下内容。

（1）项目概述，概述客户的情况、需求的情况、工期的要求。

（2）项目的目标，一般描述得比较简洁，不超过 10 行。目标应符合 SMART 原则。

▶ Specific：是否文档化，是否明确；

▶ Measurable：是否可度量；

▶ Attainable：是否可实现；

▶ Relevant：是否和商务目标相关；

▶ Time-bound：是否有时间限制。

（3）项目管理的基本指导思想。

项目管理的 4 个基本要素如何平衡：进度快慢、质量好坏、需求多少和投入大小。某客户在计划模板中限定项目最多只能在这四者之间选择优先级最高的两个要素。

（4）项目的交付物。

（5）项目组对客户的承诺，主要包括阶段交付的日期和交付物，或者与其他系统接口的交付日期和交付物等。

（6）项目的组织结构与人员职责。

（7）WBS。

（8）项目的估计记录，内容包括规模估计、工作量估计、成本估计、进度估计、资源估计。

（9）项目的生命周期选择与过程裁剪，内容包括选择的生命周期模型、选择理由、对公司定义的标准过程所做的裁剪及裁剪理由。

（10）项目的阶段进度计划，说明项目划分的阶段及每个阶段的完工日期等。

（11）项目的质量管理计划，一般采用表格的形式，穷举出所有的工作产品，列出应采取的质量控制活动的类型，如测试、走查、邮件评审、会议评审、技术复查等。

（12）风险与机会管理计划，识别需要管理的风险与机会，列出每个风险或机会的名称、起因、后果、背景、可能性、严重性、紧迫性，并进行综合评价。对优先级高的识别出风险的缓解与应急措施、机会的促成与利用措施，以及措施的启动条件等。

（13）项目管理的控制阈值。

当项目实际的进度、工作量、质量目标与计划的进度、工作量、质量目标偏离到一定程度时，要采取措施，需要将偏离程度量化，并定义将采取措施的警戒阈值、行动阈值。

（14）开发环境与工具。

（15）人员技能培养计划。

（16）向运维和支持的转移计划。

敏捷场景下，可以参照表 9-4 进行多层计划之间的平衡。

表 9-4　敏捷场景下多层计划之间的平衡

策划的内容	项目整体策划	发布策划	迭代策划
范围定义（工作包、需求）	输入：项目任命书、合同等包含项目初步范围的文件；输出：顶层工作包、需求清单	输入：产品待办事项列表；输出：本次发布中选中的用户故事	输入：产品待办事项列表；输出：本次迭代中选中的用户故事
生命周期选择及里程碑设定	设置产品路标，设定产品发布的大版本（里程碑）	设定迭代的长度和次数	不需要
工作量估算	工作量初估	本次发布用户故事的工作量细估	本次迭代用户故事的工作量细估
进度及任务安排	颗粒度粗，可只细化项目前期的任务计划	可以只细化第一次迭代的任务安排	本次迭代的任务细排，一般不超过3人·天的颗粒度
工作环境筹备	需要	如有变化，更新之	如有变化，更新之
项目团队成员识别、职责分配	需要	如有变化，更新之	如有变化，更新之
干系人识别、依赖关系识别	需要	如有变化，更新之	如有变化，更新之
风险识别	对项目有整体影响的风险和障碍识别	结合本次发布用户故事的进一步的（技术）风险识别	结合本次迭代用户故事的进一步的（技术）风险识别

PLAN2.8　评审计划并获得受影响的干系人的承诺

任务的责任人等干系人应该参与计划评审，可以评审任务识别的完备性、估算的合理性、进度的可行性、分工的合理性等，在大家达成一致的前提下，相关责任人对计划可行做出承诺。

可以使用计划评审的检查单来提升评审的有效性，表 9-5 是一个例子。

表 9-5　计划评审的检查单

序号	分类	检查项（一级）
1	组织结构与沟通的管理	是否定义了项目的组织结构
2		是否定义了每种角色的职责
3		质量保证人员是否有独立的渠道和高层沟通
4		如果有客户代表参与，是否定义了他们的职责
5		是否定义了沟通机制
6		是否定义了度量数据、各种报告的报告机制
7		是否定义了问题解决机制

续表

序号	分类	检查项（一级）
8	里程碑	是否记录了选择生命周期模型的理由
9		是否划分了开发过程的里程碑
10		是否定义了每个里程碑的结束准则和结束时间
11	估算	是否记录了选择某种估算方法的理由
12		是否记录了借鉴的历史数据
13		是否估计了系统的规模
14		是否估计了系统的工作量
15		是否估计了成本
16	风险	是否识别了项目的风险
17		对于风险的描述是否详细而明确
18		是否量化了风险的可能性、后果、时间区间与优先级
19		是否对前60%的风险项定义了缓解措施和应急措施
20	进度安排	是否定义了下一个阶段的详细任务
21		是否识别出了项目的关键路径
22		是否每个人的工作量都饱满了
23		是否有资源超负荷的情况
24		是否明确识别了管理缓冲时间
25		管理缓冲时间是否合理
26		是否针对每个人的特点分配了任务
27	任务分解	每个任务的颗粒度是否比较均匀并控制在10人·天以内
28		是否明确识别了管理类的任务
29		是否明确识别了集成类的任务
30		是否明确识别了培训的任务
31		是否明确识别了评审活动
32		是否明确识别了计划修订的任务

敏捷方法有迭代策划会议，在迭代策划会议上大家一起做了估算，自己认领了任务，每个人认领的任务不超过自己的能力上限。

从个体的角度，围绕工作和任务相关的计划活动可以归纳为以下 5 个活动：

▶ 接受任务；

▶ 理解任务；

- 估算任务；
- 进度安排；
- 承诺任务。

PLAN 3.1　使用组织级的标准过程和裁剪指南，制订、遵从项目过程并保持更新

2 级的组织不要求一定要有组织级统一的过程规范定义，而 3 级的组织要有统一的过程规范定义。即 3 级的组织中不同项目做事的套路要基本一致。

本实践基于组织级的统一的过程定义和裁剪指南，得到项目组自己的过程定义。这是在 PLAN 2.1 的实践基础之上更高的要求，PLAN 2.1 做了顶层的、宏观的管理设计，这条实践进行了下一个层次的、更细致的过程设计。

裁剪容易被片面理解成"裁减"，即不执行组织定义的某过程或活动。实际上，增加、删除、改变或选择方法、改变顺序、改变权限等，都是裁剪。

裁剪的对象可以是过程、活动、度量元、文档、目标、控制权限、评审方式、活动频率、生命周期模型等。

如果组织级基于敏捷的思想定义了过程规范，在项目组实际做策划时，可以根据项目组的实际情况进行经验型过程控制，在组织级过程基础上增加仪式或文档，或者在项目进展过程中，根据迭代回顾的总结对本项目组的过程进行增、删、改，这也是一种敏捷场景下的标准过程裁剪。

PLAN 3.2　采用项目过程、组织级过程资产和组织级度量库制订计划并保持更新

组织级过程资产包含了模板、方法定义、指南、检查单、典型案例、经验教训、历史项目的资料等。

组织级度量库中包含了组织级的生产率分析数据、工作量分布数据、历史项目的数据、过程性能基线、过程性能模型等，在做自己的项目计划时可以参考。

项目过程是指在 PLAN 3.1 中裁剪自组织标准过程定义的项目组的过程。

PLAN 3.3　识别并协商关键依赖

关键依赖是对项目的成败有重要影响的依赖关系。如：

- 关键路径上不同人承担的任务之间的依赖关系；
- 本项目组的成员与组织内非项目组的兼职人员之间的依赖关系；

▶　对外部采购的产品构件或服务的依赖；

▶　对客户参与的依赖；

关键依赖影响了项目的工期或质量等，典型的问题有：

▶　关键路径上的任务延期了，造成了整个项目延期；

▶　需要其他人配合的工作没有按时完成；

▶　两人的工作存在技术接口，结果一方完成的工作不符合接口标准，导致链接失败；

▶　供应商误解了需求，提供的产品不符合技术规格；

▶　客户未及时确认需求或不配合验收交付的软件。

建议将识别的关键依赖，特别是外部的依赖纳入项目组的风险管理。

PLAN 3.4　基于组织级的标准，策划项目环境并保持更新

组织级要定义环境标准，参见 PAD 3.6，项目组根据组织级的环境标准，定义本项目的环境。项目的环境包括了办公室环境、开发使用的软硬件工具、网络环境等。

敏捷项目通常都配备项目组成员的作战室，作战室中配置了足够大的看板，搭建了持续集成与交付的软硬件平台等。

PLAN 4.1　使用统计和其他量化技术，开发项目的过程并保持更新，以促使质量和过程性能目标的达成

PLAN 3.1 是在 PLAN 2.1 基础上的更高要求，而 PLAN 4.1 则是在 PLAN 3.1 基础上的更高要求，PLAN 2.1、PLAN 3.1 都是经验判断、经验决策，而 PLAN 4.1 则要求采用统计和其他量化技术进行管理设计，以确保达成项目的目标。要达到 4 级水平的项目策划，应该要求计划得更合理，不做无用功，最大限度地减少浪费，选择最优的过程、子过程、方法来达成项目的目标。

统计技术指回归分析、方差分析、假设检验、蒙特卡洛模拟等与概率分布有关的技术，其他量化技术则是传统的分析技术，如饼图、折线图、二八分析等。此实践要求必须采用统计技术进行分析。常见的方法有以下几种。

（1）蒙特卡洛模拟。

对项目的工期进行蒙特卡洛模拟，判断达成项目工期目标的概率，如果概率比较低，我们

则增加资源，或者裁剪需求，或者细分任务，增加任务的并行性，或者缩短关键链，利用这些措施提高达成工期目标的概率。

（2）最优化组合过程或方法。

根据历史的过程性能基线与模型，对关键工程活动的方法进行组合，从多个组合中选择最优的一套方法来帮我们达成项目的目标。如图 9-3 所示，某企业需求描述有 3 种方法，需求评审、设计、开发都各有两种方法，这样组合一下则有 24 条路径可以选择，选择哪条路径最匹配项目的目标呢？此时就可以基于历史的性能数据进行最优化组合决策。

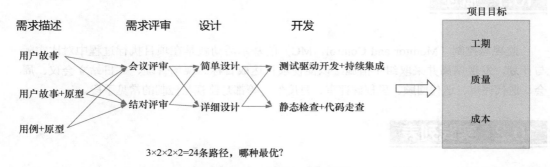

3×2×2×2=24条路径，哪种最优？

图9-3　过程最优化组合案例

（3）执行 what-if 分析。

基于历史的过程性能模型 $y=f(x_1, x_2, \cdots)$，进行 what-if 分析，选择最优的 x 值，帮我们达成 y 的目标。

9.4　小结

计划是为了更好地应对变化，降低风险，促成项目的成功。项目的变化和不确定性往往来源于需求、人员、技术、软硬件资源以及各种内外部依赖的变化和不确定性，这些都是计划活动的重点与难点，所以应该为计划活动投入足够的人力与精力，充分进行内外部沟通，持续积累历史数据和最佳实践，将经验与统计量化技术结合，以提升其执行效果。

第 10 章

监视与控制（MC）

10.1 概述

监视与控制（Monitor and Control，MC）的基本活动就是在项目执行过程中对比实际与计划，发现偏离并采取纠正措施，以促使项目达成目标。现场管理、每日站立会议、周会、迭代评审、迭代回顾、里程碑评审、月度例会等都是监视与控制的常见手段。

10.2 实践列表

本实践域的实践列表参见表 10-1。

表 10-1　监视与控制（MC）实践列表

实践域	实践编号	实践描述
MC	1.1	记录任务完成情况
MC	1.2	识别并解决问题
MC	2.1	对照规模、工作量、进度、资源、知识技能和预算的估计结果来跟踪实际结果
MC	2.2	跟踪已识别的干系人的参与和承诺
MC	2.3	监督向运维和支持的移交
MC	2.4	当实际结果与计划的结果有显著偏离时，采取纠正措施并管理至关闭
MC	3.1	使用项目计划和项目过程管理项目
MC	3.2	管理关键依赖和活动
MC	3.3	监督工作环境以识别问题
MC	3.4	和受影响的干系人一起管理和解决问题

10.3 实践点睛

MC 1.1　记录任务完成情况

对照项目计划跟踪任务的完成情况（例如待办、在办、已办，也可以基于已完成百分比的情况），并留下记录，可以使用管理工具（例如 MS Project、青铜器、Jira 等），也可以使用电子表格、物理白板或看板。应该根据项目类型、大小及管理的需要确定记录的频度、形式、详细程度等。

【案例】使用白板记录任务的状况（见图 10-1）

图 10-1 使用白板记录任务的状况

MC 1.2 识别并解决问题

识别影响任务、活动甚至整个项目按计划完成的问题，制订应对措施并执行，跟踪结果，最终关闭问题。

项目问题的来源有多种：

▶ 对比分析度量数据发现的问题；

▶ 工作中实时发现的问题；

▶ 站立会议、例会、里程碑评审发现的问题；

▶ 客户反馈的问题；

▶ 高层经理反馈的问题；

▶ 项目组成员反馈的问题；

⋯⋯

MC 2.1　对照规模、工作量、进度、资源、知识技能和预算的估计结果来跟踪实际结果

相对于 MC 1.1，MC 2.1 提出了更全面的跟踪要求。MC 1.1 仅要求跟踪任务的完成情况，而 MC 2.1 要求对照项目计划的各项估算内容分别跟踪这些估算的实际结果，基本原则是：估算了什么，计划了什么，就跟踪什么。定量估算的，就定量对比跟踪；没有定量计划的，就跟踪状态。

跟踪的频率依赖于以下因素。

▶　项目实际的进度。如果项目问题较多则应该以较短周期进行跟踪。

▶　工作的节奏。如：敏捷项目固定了迭代周期，可以以每天、每周、每次迭代的节奏来实施项目跟踪。

▶　项目计划中定义的里程碑或阶段周期。

跟踪手段不同，时机不同，需要关注的侧重点也不同，每个公司都应该定义自己的跟踪策略。

【案例】某企业项目跟踪的策略（见表 10-2）

表 10-2　某企业项目跟踪的策略

跟踪手段	跟踪对象							
	任务完成	进度	工作量	质量	风险	问题解决	环境	目标
每日站立会议	Y		Y			Y		
燃尽图	Y	Y	Y					Y
周例会	Y	Y	Y	Y	Y	Y		Y
里程碑评审	Y	Y	Y	Y	Y	Y	Y	Y
月度例会	Y	Y	Y	Y	Y	Y	Y	Y
项目总结会议	Y	Y	Y	Y	Y	Y	Y	Y
专项问题评审					Y	Y		

注：Y 代表该跟踪手段可跟踪到的对象

表 10-3 是进度监督常见方式的对比。

表 10-3　进度监督常见方式的对比

按照进度敏感程度、工期长短选择对应的监督方式	监督的及时性	数据采集的难易度	数据采集的准确性	应用场景
按照阶段/里程碑监督	低	容易	较高	阶段周期一个月以内
按照任务完成百分比监督	高	高	中低	进度监控比较敏感，多见于偏传统项目管理的场合

续表

按照进度敏感程度、工期长短选择对应的监督方式	监督的及时性	数据采集的难易度	数据采集的准确性	应用场景
按照任务项个数监督	高	中	中低	作为单次迭代的监督方式
按照功能项个数监督	中	中低	中低	作为单次迭代的监督方式
按照功能点/故事点监督	中	高	高	作为单次迭代的监督方式

对资源的跟踪包括以下两方面。

▶ 人力资源的加入、退出是否符合计划要求。

▶ 软件、硬件资源是否按时、按质、按量获取，状态是否正常等。

有关规模估算、工作量估算、成本估算的内容参见第 8 章；有关进度、资源、知识技能、预算估计的内容参见第 9 章。

MC 2.2　跟踪已识别的干系人的参与和承诺

跟踪干系人的参与和承诺情况，可以从以下几方面进行。

▶ 干系人是否执行了某项任务。

▶ 干系人是否投入了足够的时间。

▶ 干系人是否参与了该参与的活动。

▶ 干系人完成任务的质量如何。

▶ 干系人完成的结果是否满足了要求，包括技术与管理的要求，比如接口要求、工期要求等。

干系人根据参与计划可能要参与的主要活动如下：

▶ 策划；

▶ 决策；

▶ 承诺；

▶ 沟通；

▶ 协调；

▶ 评审；

▶ 评价；

▶ 需求定义；

▶ 问题或难题的解决；

▶ 提供资源；

......

项目要记录、沟通和协调解决与干系人相关的问题，并跟踪这些问题至关闭为止。当需求、项目情况或状态发生变化时，要重新计划干系人的参与。

MC 2.3　监督向运维和支持的移交

完成的解决方案要移交给运维或售后服务人员，进入生命周期的维护阶段，移交给运维的活动需要做计划（参见 PLAN 2.5），需要监督以下执行情况。

▶ 移交活动要依据策划时制订的移交和支持计划，监督实际移交过程是否正常。

▶ 移交的内容通常包括产品及相关手册。

▶ 移交的活动通常包括客户使用和维护培训、交付验收。

▶ 移交的对象可能有维护团队、售后服务人员、客户。

【案例】某企业项目需要移交的资料清单（见表 10-4）

表 10-4　某企业项目需要移交的资料清单

项目类型	文档分类	文档名称	编制部门
产品开发类项目和合同开发类项目	产品类文档	产品相关业务文档	
		产品解决方案	营销管理部/项目组
		产品介绍	营销管理部
	开发类文档	需求规格说明书	开发项目组
		概要设计说明书	开发项目组
		详细设计说明书	开发项目组

续表

项目类型	文档分类	文档名称	编制部门
产品开发类项目和合同开发类项目	开发类文档	产品功能列表	开发项目组
		测试案例	开发项目组
	用户类文档	产品发布说明	开发项目组
		用户安装手册	开发项目组
		用户操作手册	开发项目组
		培训手册	开发项目组
	维护类文档	系统维护手册	开发项目组
维护类开发项目	开发类文档	产品解决方案	售前部/项目组
		详细设计说明书	开发项目组
		测试案例	开发项目组
	用户类文档	用户安装手册或升级安装说明	开发项目组
		用户操作手册	开发项目组
		培训手册	开发项目组
		产品发布说明	开发项目组
		升级包说明	开发项目组
	维护类文档	系统维护手册	开发项目组

MC 2.4　当实际结果与计划的结果有显著偏离时，采取纠正措施并管理至关闭

何谓显著偏离？在项目策划时需要定义出来（参见 PLAN 2.7），可以是工期、工作量、成本、质量、需求变更等方面的阈值定义。为了增强形象性，也可以将其制作为三色灯或者晴雨表的形式。

【案例】某企业项目状态报告中的三色灯（见图 10-2 及文前彩插）

一、项目状态一览（从"快""好""省"3 个维度衡量并展示项目目标达成情况）

所处阶段	产品测试阶段			
进度：	里程碑进度	偏差	16.83%	（实际里程碑进度相对于计划进度）
质量：	缺陷密度	范围	异常	（实际缺陷密度相对于参考缺陷密度）
投入：	工作量	偏差	6.11%	（实际工作量相对于计划工作量）

说明：

●表示"预警"，即与基线或目标值的偏差超过20%；●表示"需关注"，即与基线或目标值的偏差超过10%；●表示"正常"，即与基线或目标值的偏差在10%之内。

图10-2　某企业项目状态报告中的三色灯

纠正措施可以是：

▶　修改承诺；

▶　调整计划；

▶　裁剪需求；

▶　加大投入；

▶　采用新的工作方法。

MC 3.1　使用项目计划和项目过程管理项目

项目计划就是管理项目的参照物，否则就失去了计划的意义。此处的项目计划是指综合的项目计划，也就是包含各个领域、各个层次的计划。项目过程即将组织级的过程进行裁剪后得到的本项目的过程。

本项目的计划与过程实际上就回答了项目"去哪儿"与"怎么去"的问题。

本实践中使用的是"管理"而不仅是"监督"，有以下两层含义。

▶　无量化，不管理，应该尽量利用量化数据管理项目，而不是完全依赖于经验。

▶　要形成计划、现状、问题、措施、解决的管理闭环。

MC 3.2　管理关键依赖和活动

关键依赖的概念参见 PLAN 3.3。管理关键依赖和活动常见的做法如下。

▶　使用 MS project 等工具识别项目的关键路径，针对关键路径上的每个关键任务，与相关责任人达成承诺。

▶　识别项目对外部资源、人员、资料的依赖关系，与相关提供者达成承诺。

▶　将依赖关系和相关承诺文档化。

▶　在项目例会中确认依赖关系和承诺的状态。

▶　在电话会议中确认依赖关系和承诺的状态。

可以采用一些简单易行的手段提升对依赖和承诺的监督效果，例如将敏捷站立会议中前两个沟通项细化如下。

▶　昨天的计划是什么，昨天完成了什么。

▶　今天计划做什么，需要谁的帮助或配合。

MC 3.3　监督工作环境以识别问题

组织级定义了环境标准，项目组裁剪得到项目组的环境定义，要求项目组每个岗位都要按照统一的工作环境进行配置。

工作环境的计划与监督，除了要考虑符合组织的环境标准和要求（例如信息安全的标准和要求）外，也应该考虑是否有助于提升研发效率。

某企业为敏捷团队设置了专门的活动室，配备了器材和设备，但在实际使用中，发现该活动室的窗外就是轻轨，车来车往非常吵闹，这是一个典型的环境问题，需要解决。

MC 3.4　和受影响的干系人一起管理和解决问题

前面的那些实践是发现问题，这条实践强调解决问题、关闭问题。

项目中需要干系人一起协调的问题有：

▶　关键依赖关系的延迟，如测试 bug 的修复延迟影响了下一轮测试的开展；

▶　无法取得的关键资源或人员；

▶　未及时兑现的承诺。

多人一起协调及管理问题的方式有很多，如：

▶　在项目周例会议中与内部利益相关者一起解决问题；

▶　在电话／视频会议中与外部利益相关者一起解决问题；

▶　举行专门的协调会议解决问题；

▶　将问题记录到问题跟踪系统，进行跟踪管理；

▶　建立问题的上报和仲裁机制。

10.4　小结

计划了什么，就应该监控什么，这是 MC 的基本原则。需要注意避免以下误区。

▶　无基准的监控，计划约束力弱。即制订项目计划是走形式，项目控制基本不依照计划。

▶　放任的监控，项目控制不力。没有及时跟踪项目的实际情况，或者没有根据计划及跟踪结果执行必要的控制。最典型的就是没有识别项目管理中的问题，或者发现问题后没有及时、有效地进行处理。

▶　片面的监控，只监控部分活动或部分要素。例如，只监控了开发活动的进度，没有监控测试活动的进度；只跟踪了进度，没有跟踪质量；只跟踪了工程技术的工作量，没有跟踪项目管理类及支持类的工作量。

▶　停留于表面的监控，抓不住关键问题。例如，仅项目经理一人执行项目监控，很多细节问题及异常情况不能及时暴露出来。

▶　报喜不报忧的监控，问题无法上浮。例如，在部分企业中给高层或客户的汇报往往会做很多修饰，这只是一种掩耳盗铃的方式。

第 11 章

风险与机会管理（RSK）

11.1 概述

风险与机会管理（Risk and Opportunity Management，RSK）在以往的 CMMI 版本中都被描述为风险管理，在 2.0 版本中增加了机会管理。风险的影响是负面的，机会的影响是正面的，风险是惊吓，机会是惊喜。要抓住机会，规避风险，趋利避害。风险与机会都并非一定发生，发生的概率都是大于 0 且小于 1。

风险与机会是事先的，不是事后的，事后的是事件管理和问题管理。风险要早报告，早处理。风险与机会在项目或任务执行过程中是持续的、贯穿始终的，不是一次性的。对风险与机会的管理，要平衡成本与收益，不是所有的风险或机会都要事先采取措施。

11.2 实践列表

本实践域的实践列表参见表 11-1。

表 11-1　风险与机会管理（RSK）实践列表

实践域	实践编号	实践描述
RSK	1.1	识别、记录风险或机会，并保持更新
RSK	2.1	分析所识别的风险或机会
RSK	2.2	监督识别的风险或机会，并和受影响的干系人沟通状态
RSK	3.1	识别并使用风险或机会的类别
RSK	3.2	为风险或机会的分析和处理定义并使用参数
RSK	3.3	制订风险或机会管理策略并保持更新
RSK	3.4	制订风险或机会管理计划并保持更新
RSK	3.5	通过实施已计划的风险或机会管理活动来管理风险或机会

11.3　实践点睛

RSK 1.1　识别、记录风险或机会，并保持更新

1 级的实践只要求识别、记录风险与机会，没有要求是否对风险采取应对措施。

研发项目中一些机会的例子如下。

▶ 通过本项目的研发，有机会将本业务与其他业务结合，形成新的业务模式。

▶ 借助本项目的合作，有机会将该平台其他功能推销给客户。

▶ 本项目用到的新技术 / 新特性，有机会推广到其他客户 / 系列产品。

▶ 借助本项目对用到的工具 / 环境进行批量采购，降低后续项目的成本。

RSK 2.1　分析所识别的风险或机会

这条实践有两层含义：首先要识别风险或机会，其次要分析风险或机会。

识别风险或机会有多种方法。

▶ 分类法：把风险与机会进行分类，针对每一类风险或机会，思考在本项目或本任务中是否存在这一类风险或机会；

▶ 头脑风暴法：群策群力，大家一起开会讨论存在哪些风险或机会；

▶ 调查问卷法：制订调查问卷，分发给团队的人员，让大家思考是否存在某些风险或机会；

▶ 检查单法：列出历史上各种类型的风险或机会，让相关人员考虑在本项目或本任务中是否存在这些风险或机会；

▶ WBS 驱动法：针对任务列表中的每项任务，思考是否存在风险或机会；

▶ ……

对识别出的风险或机会进行描述时，要描述清楚前因后果与语境，便于理解风险或机会，并制订相应的措施。

【案例】一个完整的风险描述及语境

风险描述（前因后果）：

▶ 尽管我们已经进入设计阶段（需求已基线化），客户每周仍在提交需求变更；过多的需求变更会造成大量的返工，导致项目无法按期交付。

语境（风险的背景与更深层的原因）：

▶ 最终用户可能对上次项目进度变更和需求基线化的时间并不了解，我们也不知道最终用户是否看到了系统进度表；

▶ 我们一直在接受需求变更，却从未告诉客户需求已经基线化；

▶ 缺乏与最终用户交流的清晰规程，使问题变得更加糟糕；没有人知道如何将实际情况告诉最终用户，也不知道应由谁来负责此事。

对风险或机会进行分析时，要从多个维度进行，包括（风险）影响的严重性、（风险或机会）发生的可能性、（风险或机会）发生时间远近的紧迫性、（机会）预期的投入、（机会）预期的收益。

在分析后应该划分风险或机会的优先级，优先级高的要制订应对或利用措施。

RSK 2.2　监督识别的风险或机会，并和受影响的干系人沟通状态

这条实践也有两层含义。

▶ 要监督风险或机会状态的变化，此时也可能识别出新的风险或机会。

▶ 要和相关人员沟通状态的变化。

上述两个活动通常都是周期性的，比如按周或按月。

RSK 3.1　识别并使用风险或机会的类别

该实践同样包含两层含义。

▶ 要对风险或机会进行分类，分类是为了把相近的风险或机会进行合并，制订应对或利用措施，以节约成本，同时聚焦对于目标达成的负面或正面影响。可以按照风险或机会的来源进行分类，也可以定义多级的分类机制。

▶ 要按照统一的类别定义对识别的风险进行类别划分。

【案例】某企业的风险类别定义（见表 11-2）

表 11-2 某企业的风险类别定义

风险类别	常见风险示例
市场风险	对新业务的推广过于乐观，高估了用户观念的变革速度，导致市场培育时间过长
	产品战略发生变化，导致上市时间发生变化
	高估潜在市场，导致产品销售量和销售额较低
	低估竞争对手——竞争对手在非常短的时间内发布了一个竞争力很强的产品
	产品性能远低于市场期望，导致口碑不好
	在产品开发过程中，市场（如政策法规）发生变化，对产品造成影响
	定价过高，影响了用户的购买决策，导致销售量降低
客户风险	产品宣传中没有突出对用户的价值，导致用户对产品不感兴趣
	缺乏客户介入，导致产品不能吸引最终用户
	曲解客户需求，导致产品销售量和销售额低
	调研需要强有力的销售人员，销售人员能力可能不满足要求
	调研不全面，导致产品仅能满足一部分客户的需求
技术风险	低估了应用新技术的难度，导致开发时间和费用增加
	高估了新技术的能力，导致开发时间和费用增加
	低估了外部接口和关联性，导致开发时间和费用增加
	缺少关键开发技能，导致项目延期
	缺少适当的软件以及设备（用于开发或测试），导致项目延期
	技术方案中对性能的考虑不足，导致项目延期
	新人的技术能力不足，导致开发时间增加
	对公共模块局限性估计不足，导致无法满足目前的产品要求
	高估了技术人员的能力，导致项目延期
	技术方案发生重大变化，导致项目延期
财务风险	低估了开发费用，导致利润率减少
	低估了重复发生的成本，导致利润率减少
	低估了新产品必需的支持工作，导致支持成本增加
	资金到位不及时，导致总的费用增加
	低估了产品化、商品化（帮助文件、说明手册）制作的成本
	低估了渠道的成本
	维护成本比预期成本高很多，导致利润率减少

续表

风险类别	常见风险示例
采购风险	所选软件或设备的供应由于高需求而受到制约
	所选硬件是新硬件，并且产量不稳定
	高性能的软件正在开发之中，但是没有完成测试工作或尚未投产
	采购的硬件无法在规定的时间到位，导致项目延期
	失去供应商的支持，导致项目延期
	采购的模块没有足够的说明和技术支持，反复交流，导致项目延期
管理风险	关键决策人不能参与关键评审环节，导致项目延期
	项目人员到位不及时，导致项目延期
	项目的办公场所不到位，导致项目延期
	估算不足，导致项目延期
	资金不到位，导致项目延期
	关键人员流失，导致项目延期
	关键人员的身体状况和精神状态不佳，导致项目延期
	变更过于频繁，导致项目延期
	计划中丢失重要活动，导致项目延期
	项目进度控制不力，导致项目延期
	沟通不顺畅，导致项目延期
	产品战略发生变化，导致项目延期或中止
	项目的培训不充分，导致人员工作效率低下
	项目结束前，人员离开团队
	项目组对原有系统的维护影响开发、测试等工作的进度和资源分配

RSK 3.2 为风险或机会的分析和处理定义并使用参数

要对风险或机会分析的参数进行统一的定义，如下所示。

▶ 风险影响的严重性：高、中、低，或者是不同等级的分值，如何划分这些分值。

▶ 机会的预期收益：高、中、低，如何划分。

▶ 风险或机会发生的可能性：概率到底有多大，可划分成几个等级。

▶ 风险或机会时间的紧迫性：远、中、近期，如何划分。

在实践中要使用这些参数的定义，并按定义执行。风险和机会的优先级也应该通过上述参数得到，例如将多个参数量化取值后相乘或相加。

【案例】风险影响性参数定义（见表 11-3）

表 11-3　风险影响性参数定义

严重性	成本	工期
高	超支50%	无法交付
中	超支20%	比原计划落后1个月以上
低	超支10%	比原计划落后1周~1个月

RSK 3.3　制订风险或机会管理策略并保持更新

风险与机会的管理策略包含了：

▶ 风险与机会管理的责任分配；

▶ 风险与机会管理的时机；

▶ 风险与机会管理的方法；

▶ 3 个参数的统一定义；

▶ 划分优先级的方法；

▶ 应对措施的启动条件；

▶ 风险或机会的跟踪频率；

▶ 常见风险或机会的应对措施；

▶ 采集哪些与风险与机会有关的度量数据；

……

RSK 3.4　制订风险或机会管理计划并保持更新

可以通过如下 3 个问题进行计划的拟定。

（1）谁最有能力或权力处理风险或机会？

例如，某手机企业，其往往会面临芯片供应商供货延迟的风险，但因为该芯片供应商属于行业龙头，非常强势，依靠项目经理与其对接人沟通、协商的效果非常一般，所以最终形成了芯片供货一律由研发总监直接联络芯片供应商的管理层来推进处理的机制。

（2）如何缓解风险或创造机会？

缓解措施用来降低风险发生的概率或延缓风险发生的时间；创造机会则关注如何提升机会发生的概率。

（3）如何应急风险或利用机会？

应急措施是指在风险即将发生时或已经发生后，用来降低风险危害的措施；利用措施是指在机会发生后，充分使其利益最大化的措施。计划中应该包含明确的责任人、行动项、触发时机、时间等要素。

RSK 3.5　通过实施已计划的风险或机会管理活动来管理风险或机会

在风险或机会的管理计划中定义相关措施，本实践就是对照计划落实那些措施。

在同一家企业中，有的风险往往是频繁发生的，此时可以对这类风险进行原因分析或根因分析，在组织层面采取多方位的措施。

【案例】某企业常见风险的分析及对策（见表 11-4）

表 11-4　某企业常见风险的分析及对策

分类	风险	主要影响	常见的原因	缓解&应急措施
人力	项目执行过程中可能出现临时人力抽调的情况	项目工期无法守住；或者按时交付了，但质量较差	1. 客户指定工期并倒排。 2. 核心人员杂务多，无法全身心投入。 3. 新招的人短期内用不上。 4. 客户的现场活动长期占用资源，老项目的人员释放不了	1.1　在商务谈判中尽量争取工期。 2.1　完善人员的引进和招聘、内部核心人员的培养。 2.2　对内部核心人员进行时间管理的培训。 3.1　建立导师-新人的完整培养机制，从导师的确定、培养的内容和路线、监督和效果评价、必要的奖惩措施等方面整体完善。 4.1　尽可能减少项目之间资源的直接依赖；资源存在依赖的项目要预留缓冲时间。 4.2　在市场签单中需要根据资源现状进行决策

11.4　小结

在各种风险管理的框架与方法中，卡内基梅隆大学软件工程研究所推出的持续风险管理模型简易而完备，推荐大家参考使用，该模型也同样适用于机会的管理，如图 11-1 所示。

持续风险管理模型将风险管理划分为以下 6 个动作，在项目进展过程循环执行。

▶　识别：通过各种方式识别风险，描述清楚风险的前因后果与背景信息。

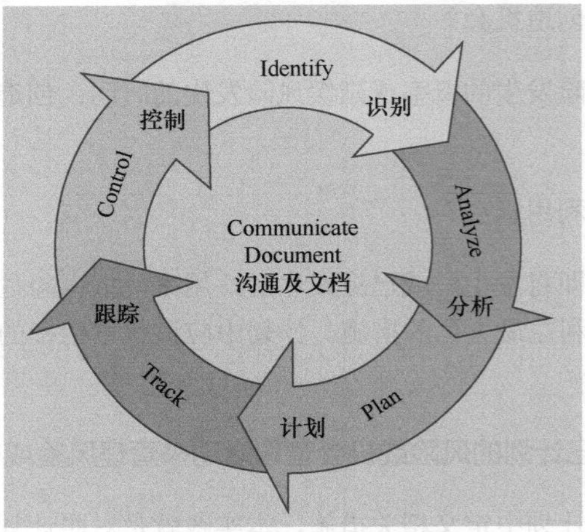

图 11-1 持续风险管理模型

▶ 分析：分析风险发生的可能性、严重性或紧迫性，排列风险的优先级。

▶ 计划：制订风险的规避措施、应急措施，以降低风险发生的概率或后果。

▶ 跟踪：实时或周期性地跟踪风险状态的变化。

▶ 控制：基于风险管理计划，采取应对措施。

▶ 沟通及文档：实时沟通、记录风险的状态。

第 12 章

原因分析和解决 (CAR)

12.1 概述

原因分析和解决（Causal Analysis and Resolution，CAR）是对选中的现象识别原因，并采取纠正预防措施或再现措施。好事和坏事都可以做 CAR，并非仅对坏事做 CAR。可以在计划阶段做 CAR，也可以在事情发生后再做 CAR，前者是根据估计或预测的结果做 CAR，后者是根据实际执行的结果做 CAR。

在做原因分析时，是从现象到数据，然后到原因。数据准确刻画了现象，并有助于识别真正的原因。原因有浅层次的直接原因，也有深层次的根本原因，对直接原因采取纠正措施，对根本原因采取预防措施。

原因分析的方法多种多样，如图 12-1 所示。

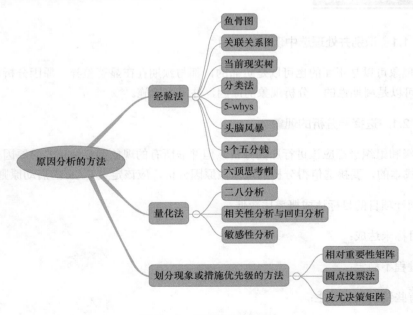

图12-1 原因分析的方法

12.2　实践列表

本实践域的实践列表参见表 12-1。

表 12-1　原因分析和解决（CAR）实践列表

实践域	实践编号	实践描述
CAR	1.1	识别并处理选中现象的原因
CAR	2.1	选择要分析的现象
CAR	2.2	分析并处理现象的原因
CAR	3.1	遵从组织级的过程确定选中现象的根因
CAR	3.2	提出行动建议以处理识别的根因
CAR	3.3	实施选中的行动建议
CAR	3.4	记录根因分析和解决方案的数据
CAR	3.5	为已经证明有效的变化提交改进建议
CAR	4.1	采用统计和其他量化技术对选中的现象执行根因分析
CAR	4.2	采用统计和其他量化技术评价实施的行动对过程性能的影响
CAR	5.1	使用统计和其他量化技术评价其他产品和过程，以确定解决方案是否应该在更广泛的范围内应用

12.3　实践点睛

CAR 1.1　识别并处理选中现象的原因

选中现象可以是正面的也可以是负面的，都与预期存在显著差异。原因分析可以是事件触发的，也可以是周期性的。分析现象的原因，并采取措施。

CAR 2.1　选择要分析的现象

项目级和组织级都应该进行原因分析，但并非所有的现象都要做正式的原因分析，原因分析也是有成本的，要挑选值得分析的现象做原因分析，应该定义 CAR 的启动原则，比如：

▶ 预计项目的目标达成概率比较低；

▶ 目标未达成；

▶ 过程不稳定；

▶ 有些错误重复发生；

▶ 交付给客户以后发生了严重缺陷；

▶ 发生了客户投诉；

▶ 某大型项目顺利结题；

……

【案例】需要进行原因分析的常见现象（见表 12-2）

表 12-2　需要进行原因分析的常见现象

	事先预测（to do）	执行中（doing）	事后总结（done）
坏事	过程能力指数 CPK 小于 1，能力不足； 蒙特卡洛模拟预测项目目标无法达成，或者回归方程预测项目目标无法达成； 组织级过程能力不足	项目进度延期超过了上限； 代码走查问题过多，超过了基线上限； 需求变更率异常，超过了组织级上限； 测试缺陷一直不收敛或收敛周期过长； 项目目标未达成	发生了质量事故； 频繁再现的缺陷； 漏测的缺陷； 共性不符合项、软件缺陷； 组织级的目标没有达成
好事		代码走查零缺陷的模块； 过程能力优于目标或好于基线； 测试零缺陷的模块、子系统或项目	零缺陷的项目； 提前交付的项目； 客户提出表扬的项目

对于选取的现象，要将其客观、清晰地描述出来。例如"线上反馈的现场问题过多"这一模糊的现象，应该通过如下追问逐步澄清。

▶ 问：现象的主体是什么？某一时间段内的线上问题？某个产品版本的线上问题？

答：×××产品的 1.2 版本。

▶ 问：现象的程度可否量化？

答：该版本上线后首周现场实施人员反馈的问题数达到 11 件。

▶ 问：现象主要影响了什么？

答：超出了组织级版本上线后首周现场问题数不超过 5 件的目标。

因此，该现象的完整描述应该是：×××产品的 1.2 版本上线后，首周现场实施人员反馈的问题数已达到 11 件，没有满足组织级规定的首周现场问题不超过 5 件的目标。

CAR 2.2　分析并处理现象的原因

应该从下述几个方面对原因分析进行准备。

（1）分析时机的选择：分析的时机应该与现象的发现尽可能接近。

（2）参与人员的选择：涉及该现象的各类干系人代表，例如上文的原因分析中，现场实施人员也应该参与。基于企业的文化与管理风格，一般要限制领导的参与，否则，容易追究责任而不是寻找措施预防问题的再次发生，要确保原因分析对事不对人，这样才能找到真正的原因。

（3）分析场所的选择：安静、安全、舒适的会议室环境。

（4）主持人的选择：指定经验丰富的主持人，善于创造主动参与和贡献的讨论氛围，并保证一定的独立性，例如资深质量保证人员、外部咨询顾问或教练。

（5）分析方法的选择：鱼骨图、5-whys 法、头脑风暴、六顶思考帽等，也可以综合运用多种方法进行分析。

制订措施时，应区分纠正措施与预防措施，并区分项目级措施与组织级措施。

【案例】某项目敏捷开发失败的原因分析（见图 12-2）

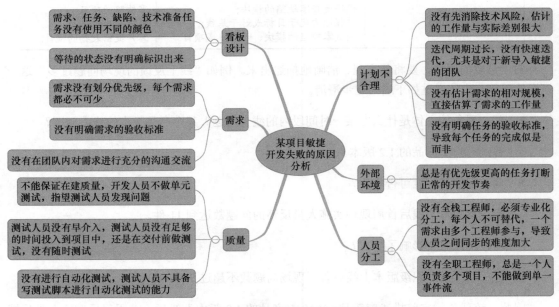

图 12-2　某项目敏捷开发失败的原因分析

CAR 3.1　遵从组织级的过程确定选中现象的根因

何谓根本原因（简称根因）？有以下两种判定方法。

方法一比较简单直观，称为 MIN process 法。

▸ Missing process：没有定义流程。

▸ Incomplete process：流程定义不完善。

▸ Not followed：定义了流程，没有按流程执行。

方法二从预防问题的角度思考：当解决了这个问题，是否还有其他类似的问题发生？

实际执行中上述两种方法可以灵活运用。例如，PM 2.5 超标是一个环境污染的问题，工业排放、汽车尾气和城市扬尘是常见的导致 PM 2.5 超标的原因，但解决这些问题并不能预防环境污染问题的再次发生，所以这些还不算根本原因。换一个角度，用 MIN process 法进行分析，环境污染的防范与治理有相关的法律法规吗？相关的法律法规足够完善吗？法律法规的执行到位吗？从这个维度，也许更能挖掘出根本原因。

组织级要定义原因分析的相关流程。以下是综合六项思考帽、5-whys 方法，以及头脑风暴法定义的一个原因分析简化流程的案例。

（1）成立团队：

    i. 责任人;

    ii. 相关人员。

（2）陈述事实——白色帽子。

（3）识别原因——头脑风暴、绿色帽子。

（4）广度优先识别原因类别——先按过程活动分类，再按人机料法环分类。

（5）深度优先识别根因——5-whys 法。

（6）原因排序：

    i. 二八分析;

    ii. 相关性分析;

    iii. 相对重要性矩阵。

（7）识别措施——头脑风暴、绿色帽子。

（8）识别措施优缺点——黑色、黄色帽子。

（9）措施排序，确定措施——红色、蓝色帽子。

CAR 3.2 提出行动建议以处理识别的根因

措施的识别可以采用上文的六项思考帽等方法。提出的措施应该具体到行动项，而不是诸如"加强人员培训"这样笼统的说法。

长效的预防措施往往需要从人、过程、技术或工具多个维度识别。

【案例】某企业将"缺少产品与研发人员需求异地沟通澄清的机制"列为根本原因，则可以从以下几个维度提出措施。

（1）流程的增加、优化或简化。例如，在该企业实际场景下，产品人员对异地沟通的抱怨之一是研发断断续续的需求提问干扰了其手头工作的节奏，则"固定需求提问与澄清的每日时间窗口"就是一种可行的措施。

（2）工具的提供与使用。例如，视频工具用于会议开展，Confluence 协作工具用于非紧急需求的沟通。

（3）技能培训的开展。除了工具的使用需要培训外，如何提问也是有技巧的，例如使用 Confluence 提问前应该先检索现有的问题，以免重复提问；当面提问时禁止使用"不耐烦""不友好"的言辞。

CAR 3.3 实施选中的行动建议

对于提出的措施也应该排列优先级，考虑的因素包括：投入的程度、涉及人员的多少、风险的高低、预期效果的好与差等。

选中实施的措施应该制订相应的行动计划并责任到人，持续跟踪，避免虎头蛇尾、不了了之。

CAR 3.4 记录根因分析和解决方案的数据

记录数据是为了更好地沟通、传递由 CAR 触发改进后的正能量，而不仅仅是为了归档，所以应该重点采集能体现"苦劳"的改进行动和输出，能体现"功劳"的量化效果数据、能体现积极参与的现场照片等。

CAR 3.5 为已经证明有效的变化提交改进建议

本实践的目的是让其他组织或项目能够借鉴本次原因分析中有价值的建议，进一步扩大

CAR 的成效。效果的证明可以是定量的（例如假设检验），也可以是定性的（例如措施采取一定周期内现象不再重现）。

提交建议时，应该将本次 CAR 的相关背景和上下文信息描述清楚。

实际上，即便是效果一般的建议也是有价值的，可以作为前车之鉴。例如有的企业，出现了采集的研发人员每日投入工时不及时、不准确的现象，但根据既往对效果一般的改进建议所总结的经验，这类现象的解决仅仅依靠在工时填报系统上下功夫是不够的，往往要先解决数据的用途不明或价值过低的问题，才能解决数据的采集和用法的问题。

CAR 4.1　采用统计和其他量化技术对选中的现象执行根因分析

统计技术是量化技术的子集，都是与概率相关的技术，结论是非确定性的，例如相关性分析、回归分析、模拟与假设检验、方差分析、敏感度分析等。利用性能模型的自变量 X 识别主要原因就是利用统计技术分析原因的典型场景。

其他非统计的量化技术结论是确定性的，例如，针对上文某版本上线后首周发生的多次故障，对故障的注入阶段分布进行二八分析就是利用非统计的量化技术分析原因的一个场景。

本实践是希望在进行原因分析时从经验推理提升到定量推理！

借助统计方法进行因果关联分析，可以参考图 12-3 的释义。

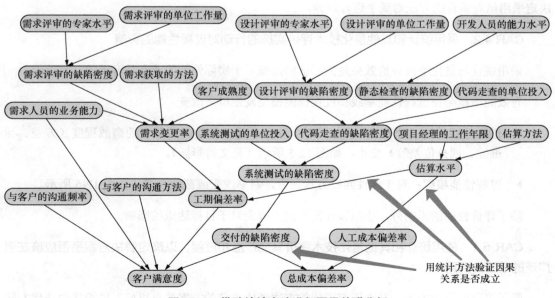

图 12-3　借助统计方法进行因果关联分析

【案例】某项目通过定量分析识别主要原因

某项目组在测试时发现缺陷密度超出了组织级过程性能基线的上限，为了识别该现象背后的原因，对项目组不同水平的人员的缺陷密度进行了对比分析，如图 12-4 所示。

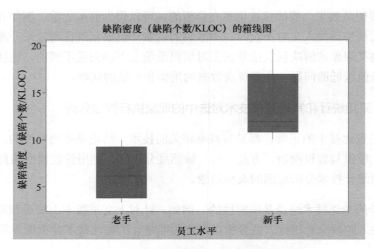

图 12-4 员工水平不同，缺陷密度不同

分析图 12-4 可以发现，新手开发的软件质量远远不如有经验员工开发的软件质量，因此决定采用结对编程的方法对新手进行培养。

CAR 4.2 采用统计和其他量化技术评价实施的行动对过程性能的影响

采用统计与量化手段评价效果是为了证明措施对于实际性能的改变是客观的、显著的。

有效的措施会使过程性能基线和过程性能模型发生以下改变。

▶ **过程性能基线**：分布的位置（均值、中位数等）移动，或分布的离散程度（方差、标准差、四分位差等）变小，如图 12-5 所示（见文前彩插）。

▶ **过程性能模型**：对于线性回归方程而言，斜率改变或截距改变，如图 12-6 所示。

除了评价性能的影响外，也应该评价性能的改变对于目标达成的影响。

CAR 5.1 使用统计和其他量化技术评价其他产品和过程，以确定解决方案是否应该在更广泛的范围内应用

除了采取的解决方案，是否还有更优的方案能比当前的方案效果更好？能否优中选优？除了改进的这个流程，是否还有其他流程也可以进行类似的改进？能否横向推广？

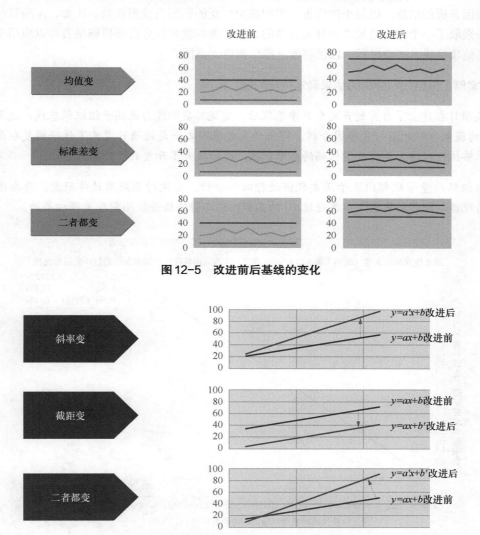

图 12-5　改进前后基线的变化

图 12-6　改进前后回归方程的变化

可以推广的解决方案应该至少满足 3 个条件：

（1）有足够多的样本证明效果是显著的、值得信任的；

（2）效果达到了预期，能满足改进的目标要求；

（3）有较高的投入产出比，成本是可以接受的。

　　CAR 5.1 之外的实践更多侧重于由表及里，从现象到根因；而本实践则侧重于由此及彼，推广根因分析的措施，以最小的代价使组织在更广泛的范围内获得收益。比如，A 项目经过根因分析采取了一个改进措施，并且是有效的。这时组织就可以分析该措施是否可以应用于组织中的其他项目或者类似过程，以便将改进推广到更大范围。

【案例】根据回归分析的结果确定措施的推广范围

　　某项目在建立了自身的开发生产率基线后，发现其实际能力远高于组织级基线，这是一个"好"的现象，对此进行了根因分析。得出的主要根因之一是该项目定义了代码圈复杂度的上限并严格执行，这大大提升了代码的易维护性，进而提升了开发的生产率。

　　组织级质量管理部门基于历史数据进行回归分析，发现对于应用软件研发，存在图 12-7 所示的规律，即代码中圈复杂度超过 10 的函数比例与静态检查缺陷密度是强相关的。

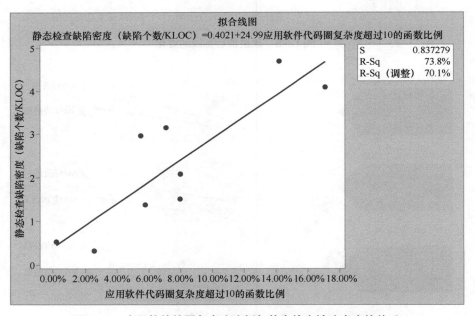

图 12-7　应用软件的圈复杂度比例与静态检查缺陷密度的关系

　　而对于嵌入式软件开发，代码圈复杂度超过 10 的函数比例的高低和静态检查缺陷密度没有明显的相关性，如图 12-8 所示。

　　综上，质量管理部决定在所有应用软件研发项目中推广先定代码圈复杂度上限的改进措施，而暂缓在嵌入式软件开发中推广此措施。

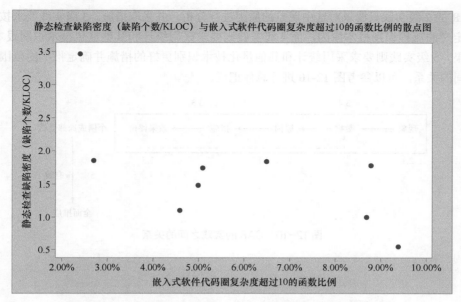

图 12-8　嵌入式软件的圈复杂度比例与静态检查缺陷密度的关系

12.4　小结

CAR 的主要目的是让"坏事"不再复现，让"好事"得以重现。CAR 往往以多人会议的方式开展，投入成本较高，所以要制订 CAR 的启动原则，更要掌握各类分析的方法与原则，提升分析的效果。

除了上文提及的各种分析方法外，也可以借鉴其他行业的方法论来执行 CAR，例如参照福特公司的 8D 方法进行根因分析，如图 12-9 所示。

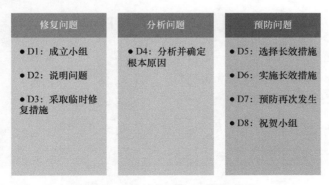

图 12-9　福特公司的 8D 分析方法

　　CAR 的 2 级实践只要求对选中现象的原因进行分析，并采取措施。3 级实践要求按照组织级统一定义的流程识别根本原因，而 4 级实践则要求采用统计和其他量化技术识别根本原因，评价效果。5 级实践则要求采用统计和其他量化技术识别更好的措施并确定推广的范围。这些实践之间的关系，可以参考图 12-10 进行总体把握。

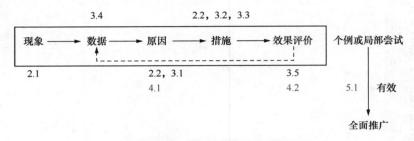

图 12-10　CAR 的实践之间的关系

第 13 章

决策分析和解决（DAR）

13.1 概述

决策就是多选一。决策的前提是有两个及两个以上的候选做法可供选择，如以下案例所示。

▶ 买不买房子？这是做决策。

▶ 买哪个楼盘的哪个户型？这也是做决策。

决策可以分为技术决策与管理决策。

▶ 技术决策：采用哪种技术路线？哪种中间件？

▶ 管理决策：采用哪种生命周期模型？要不要做灰度发布？

决策有大小之分，小事可以快速决策，非正式决策，充分放权决策。大事需要慎重决策，科学决策，多人参与决策如以下案例所示。

▶ 小事：早餐吃什么？

▶ 大事：买哪套房子？

小事走正式的决策过程是浪费；大事不走正式的过程，随意决策是隐患，是不负责任。

所以，并非所有的决策都需要走正式的过程（见 DAR 2.1）；决策过程可以划分为不同的正式级别（见 DAR 3.1）。

本实践域主要用于正式决策的实践指导，正式决策应该有方法、有步骤、有准则、有记录。

13.2 实践列表

本实践域的实践列表参见表 13-1。

表 13-1　决策分析和解决（DAR）实践列表

实践域	实践编号	实践描述
DAR	1.1	定义并记录候选方案
DAR	1.2	做出决策并记录决策
DAR	2.1	制订、使用规则来决定何时遵从文档化的过程进行基于准则的决策并保持更新
DAR	2.2	制订评价候选方案的准则
DAR	2.3	识别候选解决方案
DAR	2.4	选择评价方法
DAR	2.5	使用准则及方法评价和选择解决方案
DAR	3.1	制订、使用基于角色的决策授权描述并保持更新

13.3　实践点睛

DAR 1.1　定义并记录候选方案

决策时会识别两个或两个以上的候选方案，这些方案都应记录下来。

各方案都有其优势与劣势。最终选定的方案基于某些考虑被认为是最适合的，或在某些条件下是最佳的，是会被执行的，但是被放弃的方案也有一定价值，应被记录和保留下来，比如：

▶ 在执行某方案时，为了让各类执行人员深入理解最佳方案，需要回顾其他各种考虑过的候选方案；

▶ 在事后的同类决策问题或场景下，这些被放弃的方案可以重新被评估分析，而不必花时间重新开发解决方案。

DAR 1.2　做出决策并记录决策

做出决策即做出选择，选择的结果要记录下来。需要记录的有：

▶ 待决策事项或问题；

▶ 决策时间；

▶ 决策负责人；

▶ 决策参与者；

▶ 最终方案及其内容；

▶ 选择理由；

……

【案例】使用决策分析报告记录决策信息（见表13-2）

表13-2　决策分析报告

决策组长	张三	决策参与人	李四、王鹏		总工作量（人·时）		12
决策事项及目标	产品需要处理的数据量较大，为了满足系统需求，并达到更好的性能，需要对数据库的选择进行决策						
评价准则	序号	评价准则		决定性	权重	权重率	权重率累加
	1	存储系统对数据读写并发性的支持		是	—	—	—
	2	读写性能		否	80	38.10%	38.10%
	3	数据存储容量		否	50	23.81%	61.90%
	4	部署难易度		否	20	9.52%	71.43%
	5	对系统开发的支持度		否	20	9.52%	80.95%
	6	数据移植的难易度		否	20	9.52%	90.48%
	7	成本		否	20	9.52%	100.00%
评价方法	专家讨论打分法						
候选方案	序号	候选方案描述	候选方案优缺点分析			得分	备注
	1	Oralce 8i	各方面的特性比较完备，尤其是对并发性的支持；但是维护成本高			84	
	2	Sqlite	轻量级数据库，容易上手，扩展容易，数据易于移植，并且开源；但是不支持数据库的很多特性，尤其不能很好地支持并发写数据			80	
最终方案	方案名称	选择理由		可能的风险		其他	
	Oralce 8i	各方面的特性比较完善，有对大数据量的处理机制，尤其是对并发性的支持		后期维护成本较高			

完成日期：2017-4-21

DAR 2.1 制订、使用规则来决定何时遵从文档化的过程进行基于准则的决策并保持更新

定义哪些事情需要决策，何时执行决策，以此平衡决策的成本。

还是以买房子、吃早餐为例，买房子是大事，要做正式决策，早餐吃什么是小事，不需要做正式决策，这是 DAR 2.1 要定义的决策事项的筛选规则。

研发中常见的正式决策启动准则包括：

▶ 影响项目目标能否达成的决策；

▶ 对进度、工作量、成本等造成重大影响的决策；

▶ 采购项目的软硬件和服务的决策；

▶ 选择重大技术方案的决策。

DAR 2.2 制订评价候选方案的准则

准则是用于评价方案优劣的指标。一般情况下，应该先制订准则，再开发方案。如果先把方案制订出来，再定义准则，则定义的准则极可能因有预先的方案而具有某些倾向性，使得决策的客观性打了折扣。比如：组织如果在评选优秀员工时，先想好人选，再去定义评价指标，这些指标就是为想选中的人量身定做的了。

不同的决策应该制订不一样的准则。例如，评选优秀员工时的准则可能是：德、能、勤、绩。而买房子时要考察地址位置、面积、价格、环境、户型、物业品牌等。

【案例】某企业决策是否实现某需求的准则（见表 13-3）

表 13-3 某企业决策是否实现某需求的准则

评审阶段	需求评审项分类	序号	需求问题参考（包含但不限于）	说明
是否做	业务背景和业务场景是怎样的	1	这个需求是否符合公司战略规划，是否能辅助业务部门的战略目标达成	评估需求是否符合公司战略层面的硬性高优先级
		2	涉及哪些业务，目前业务流是怎样的	评估需求涉及业务的成熟度
		3	需求是否与一些业务限制、政策或规约相冲突	评估需求是否对公司政策有冲突
		4	这些业务从公司层面还涉及哪些部门和系统	评估涉众面，看需求价值
		5	需求提出人、推动者、涉众都是谁	

续表

评审 阶段	需求评审项 分类	序号	需求问题参考（包含但不限于）	说明
是否做	最核心问题及 需求影响力是 怎样的	6	客户需要解决的问题是哪些，其中最核心的问题是什么	评估是否有深挖客户业务问题
		7	需求涉及所有干系人或部门是否就该需求核心问题达成一致	评估需求可落地性
		8	希望问题解决之后，达到什么样的效果	评估需求解决目标是否明确。如需求是解决多少用户的问题，还是多少频率的问题，还是开源节流
		9	需求的紧急重要程度	评估客户对需求重要与否的预期
		10	该需求（业务流程）的生命周期有多久	评估类似投入产出比，看合理性
		11	后期变更的概率和频率是多少	
		12	最佳解决方案是什么	也许是做系统，也许是技术方案，也许是第三方工具，当然也可能是线下，如果是线下，讲明该问题应该如何解决

DAR 2.3　识别候选解决方案

决策主要是做选择，所以应该尽可能识别多种方案，起码应该有两个候选方案。

一般可以发动所有参与决策的人来寻找、构思或开发解决方案，也可以向组织内外的专家或同行们征求方案。

在买房子的场景下，我们可能要先找到初步满足条件的若干套房子。如果我们的初步条件是满足小孩子获得好的教育，那我们可能会找出靠近重点学校的 2 套、3 套甚至 5 套房子，然后从其中选中一套最称心的。

DAR 2.4　选择评价方法

评价方法是用来确定哪个候选方案满足规定的准则。

以买房子为例，是你一人独断，还是全家人投票？还是多套房子，针对每个评价指标进行打分，最后汇总，选择总分最高者？是否要现场考察？是否要夜间考察？这些不同的做法就是不同的评价方法。

一些常用的评价方法如下：

▸ 实验和测试；

▸ 建模和模拟；

▶　调研；

▶　经验评判；

▶　决策树；

……

DAR 2.5　使用准则及方法评价和选择解决方案

使用前面已建立的评价指标和评价方法，对若干个候选解决方案进行评价，并选出最适合的方案。

评价和选择的过程中，细节问题有时影响了决策过程质量，例如：

▶　每个方案选中和未选中的理由都要记录；

▶　对选择的方案进行风险识别，对记录下来的风险定期进行评估；

▶　选择的结果通过邮件、会议等方式向利益相关人通报；

▶　如果对利益相关人（如高层）而言，方案过于专业（如某种技术的方案），可以制作 PPT 等演示文稿讲解选择的结果；

▶　对于影响重大的方案选择结果，由高层或客户签字确认。

DAR 3.1　制订、使用基于角色的决策授权描述并保持更新

不同的决策需要的参与人员是不同的。在日常生活中，买房子、孩子上哪所大学、孩子学什么专业，这是需要全家人一起决策的。买什么车，可能由家里的车主决策即可。

同样地，在组织中多种多样的决策也要按同样的思路处理。

（1）决策要分级、分类。分级的例子如：项目级、部门级、公司级。分类的例子如：技术类、管理类。

（2）不同级别、不同类别的决策参与角色不同、决策人不同。如：技术决策参与人员应该都是相关领域的技术专家，而采购决策要由项目经理、产品经理、采购部门、财务部门、法律部门或其他业务相关人员参加。

组织可以统一定义各类干系人的责任，可能包括：

▶　决策负责人，得到授权并负责决策活动的计划、组织和结果报告；

▶ 决策参与人，负责执行决策，包括识别方案、准则、方法并执行评价；

▶ 决策评审人员，代表受影响的团队或部门，对决策报告进行评审，提出意见；

▶ 决策批准人，批准人是最终决定接受或拒绝决策结果的人员，通常是决策事项所属的部门经理，或更高层级的管理人员。

（3）不同级别，不同类别的决策过程不同。级别高的决策通常执行正式的决策过程，级别低的决策过程可以执行非正式决策过程。

【案例】某企业定义的简明决策分级机制（见表 13-4）

表 13-4　某企业定义的简明决策分级机制

决策场景	决策类型	决策组长	决策组员
软硬件采购（1万元以下）	非正式决策	研发中心总监直接决策	无
软硬件采购（1万元及以上）	正式决策	研发中心总监	研发中心总监、采购中心经理
技术方案路线	正式决策	研发中心总监	项目经理、相关部门的部门经理
变更决策（10%以下工作量影响）	非正式决策	项目经理直接决策	无
变更决策（10%及以上工作量影响）	正式决策	研发中心总监	项目经理、相关部门的部门经理
影响终验的风险缓解措施决策	正式决策	研发中心总监	项目经理、相关部门的部门经理
招标形式的外包商选择	正式决策	研发中心总监	研发中心总监、采购中心经理

13.4　小结

DAR 的实践都是比较简单易懂的，但在不少项目中却难以推行，常见的原因之一是执行者误认为 DAR 是高成本、高投入的。虽然 DAR 主要应用于正式决策，但并不意味着正式决策一定是重量级的，如下实践都可以用来平衡决策的投入与效果。

▶ DAR 1.1 和 DAR 1.2：要记录候选方案与决策，这样在以后的类似决策中可以快速复用。

▶ DAR 2.1：要定义 DAR 的启动准则，避免 DAR 的滥用。

▶ DAR 3.1：要基于角色分级决策，职、责、权相当。

　　此外，也可以借助敏捷方法或工具提升决策执行效率。例如，正式决策往往会有多条评价准则且准则之间有所制约，可以借助权衡滑块由团队快速决策其相对优先级，如图 13-1 所示。

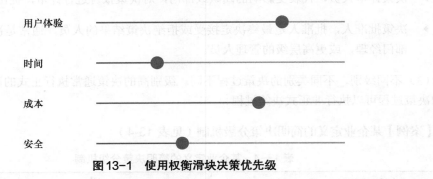

图 13-1　使用权衡滑块决策优先级

第 14 章

配置管理（CM）

14.1 概述

CMMI-DEV 2.0 的 20 个实践域中，配置管理（Configuration Management，CM）是唯一一个没有 3 级实践的实践域。这个实践域涉及的基本概念比较多，我们挑选部分基本概念，解释如下。

- ▶ 配置管理：通过配置标识、版本控制、变更控制和配置审计来管理工作产品的完整性。

- ▶ 配置项：配置管理的对象，包括各种文档资料、代码、给客户的交付物、采购的各种产品、构件以及开发需要的各种工具环境等。

- ▶ 基线：经过正式认可的、作为后续开发基础的一组配置项，其变更需要经过正式的批准。

- ▶ 配置控制委员会：对配置项的变更进行评审认可的一个小组。

- ▶ 配置审计：检查基线中的配置项版本是否正确一致、位置是否正确、与其功能说明是否一致等。

14.2 实践列表

本实践域的实践列表参见表 14-1。

表 14-1　配置管理（CM）实践列表

实践域	实践编号	实践描述
CM	1.1	执行版本控制
CM	2.1	识别置于配置管理之下的配置项
CM	2.2	建立、使用配置和变更管理系统并保持更新

续表

实践域	实践编号	实践描述
CM	2.3	建立或发布内部使用或交付给客户的基线
CM	2.4	管理配置项的变更
CM	2.5	建立、使用描述了配置项的记录并保持更新
CM	2.6	执行配置审计以维持配置基线、变更和配置管理系统内容的完整性

14.3 实践点睛

CM 1.1 执行版本控制

该实践在模型中期望达到的效果是能识别正确的版本，能获取所需的版本，必要时能恢复到指定的版本。所以即便是 1 级实践，一般也需要版本管理工具的辅助。有的企业将关键的技术文档放在了共享服务器中，每次更新时直接覆盖，这其实只是一种共享控制，而不是版本控制，因为无法恢复到指定的版本。

混乱的版本控制在研发中可能产生如下问题。

▶ 文件丢失，几天的工作白干了。

▶ 不知道找谁要某种文档和代码。

▶ 不知道哪个是最新版本的文档和代码。

▶ 为了某个 bug 辛辛苦苦修改了一堆代码，提交时却发现代码被别人覆盖了。

▶ 设计文档被编程人员随意更改，背离了最初的设计思想，而设计人员、管理人员只有到提交产品时才能发觉。

▶ 文档和程序修改后，没有通知相关人员。

▶ 代码提交测试后，在测试和开发之间频繁地切换，版本越来越乱。

▶ 发布了错误的版本，本已修改好的 bug 又出现了。

……

CM 2.1 识别置于配置管理之下的配置项

配置项包含了交付给客户的、不交付给客户的文档、代码等。这些配置项可能是自己开发的，也可能是采购来的。实践中往往被忽略的生成源代码的编译环境、构件库、类库等也是配置项。有的离岸外包公司专门承接这种将几十年前的源代码进行重新编译链接的项目，因为历史的编译环境、函数库没有保存，或者已经升级了。

通常而言，代码和发布包（如开发送测的发布包、上线的发布包）应该是最优先管理的对象，所以看一家企业配置管理做得如何，很大程度上得看代码和发布包是如何管理的。

CM 2.2　建立、使用配置和变更管理系统并保持更新

这里所说的配置和变更管理系统包含了工具、规程、物理的存储介质、实际的配置项等。

配置管理中涉及的工具有如下类型。

▶　协作管理工具：Jira、Confluence、Seafile，多用于管理文档。

▶　版本管理工具：SVN、VSS、Git、ClearCase，多用于管理代码。

▶　变更管理工具：Change Request、ClearQuest。

▶　缺陷管理工具：Bugzilla、BugFree、Mantis。

此外，也需要有与工具相配套的规范指南，常见的包括 SVN 的指南、分支管理规范、变更管理规定、发布管理规定等。

在配置管理系统中要定义清楚：

▶　控制级别；

▶　目录结构；

▶　命名规则；

▶　权限分配；

▶　备份机制；

······

【案例】配置项命名规则

1. 基本规则：

（1）顾名思义；

（2）唯一；

（3）可追溯；

（4）约定俗成；

（5）长短适宜。

2．文档命名：项目编号-功能名称-类型名称。

（1）项目编号：采用立项后给定的项目编号表示，指明文档的归属组织。

（2）功能名称：即该文档所描述的相关功能的名称，如订单管理、索赔功能等。

（3）类型名称：即文档类型，如需求说明书、概要设计、详细设计等。

3．代码包版本号：X.Y.Z。

（1）X：主版本号，第几代产品。

（2）Y：发布版本号，向客户发布时变化。

（3）Z：bug 修复版本号，整体 bug 修复时变化。

CM 2.3　建立或发布内部使用或交付给客户的基线

应定义纳入基线管理的原则如下所示。

▶ 原则 1：交付给客户的文档、代码、可执行程序、购买的可复用构件等必须纳入
基线。

▶ 原则 2：影响了对外承诺的配置项应该纳入基线，例如项目的里程碑计划。

▶ 原则 3：影响了其他配置项或交付的资料应该纳入基线，例如需求、设计等。

▶ 原则 4：变化的配置项纳入配置管理，始终不变的一般不纳入基线。

以上 4 个原则优先级依次降低。

基线的命名应该有意义，比如需求基线、设计基线、代码基线、产品基线等。后建立的基
线，逻辑上包含了先建立的基线的内容。

【案例】基线清单案例（见表 14-2）

表 14-2　基线清单案例

基线名称	包含的配置项	基线建立时间	基线变更权威
需求基线	需求规格说明书	需求获得批准	变更控制委员会
设计基线	需求规格说明书； 设计说明书	设计获得批准	项目经理
代码基线	需求规格说明书； 设计说明书； 源代码； 可执行程序	通过代码检查和单元测试，获得转测批准	项目经理、测试经理
产品基线	需求规格说明书； 设计说明书； 源代码； 可执行程序； 交付清单； 用户操作手册	获得产品发布批准	变更控制委员会

基线建立的手段由采用的工具而定，只要能达到如下的效果即可。

（1）保证基线不会被随意地修改，比如通过标签（Tag）或者权限控制实现。

（2）保证基线的使用者可以方便地查阅基线的内容。

（3）能够追溯到基线中配置项的版本变迁。

CM 2.4　管理配置项的变更

变更管理的严格程度可以区分为以下几种类型。

（1）存档管理：管理的一般是生成后不会变化且对项目交付没有影响的产物，例如，项目周会的会议纪要、周报等。

（2）版本管理：会发生变更甚至频繁的变更，但通常仅局限于项目内部的产物，例如项目的进度计划、周工作安排等。

（3）基线管理：会发生变更且变更影响较大的产物。参见上文基线识别的 4 条原则。

该实践的核心是基线管理。

变更可以分级，有需要经过 CCB 批准的变更，有仅需要经过项目经理批准的变更等。

【案例】某团队需经过 CCB 批准的变更类型

（1）影响其他项目组的变更；

（2）影响项目外部承诺的变更；

（3）单次变更估算规模大于项目总体估算规模 5%；

（4）单次变更导致工作量成本增加超过 1 人·月；

（5）项目总体累计变更规模大于项目总体估算规模 30% 后的变更。

发生配置项的变更时，要识别变更影响的范围，包括对技术、对管理、对人员的影响。对技术的影响包括对需求、设计、代码、测试用例的影响，对管理的影响包括对工作量、工期、质量、风险的影响，对人员的影响包括对项目组各个角色的影响，需要哪些角色参与进来，变更要及时通知到相关人员。变更影响分析可以使用需求跟踪矩阵辅助完备地识别变更的影响范围。

实施变更的步骤通常包括：

（1）提出变更申请；

（2）变更评审与审批；

（3）变更执行；

（4）变更结果确认；

（5）更新配置库；

（6）通知相关人员。

CM 2.5 建立、使用描述了配置项的记录并保持更新

配置项变更记录包含了：

▶ 什么时间；

▶ 变更提出者；

▶ 变更实施者；

▶ 变更了什么；

▶ 为什么变更；

▶ 验证人；

▶ 验证结论；

▶ 入库时间；

......

上述信息可以分成两类。

（1）可以用工具自动生成的信息，例如每个配置项的入库时间、变更人、版本号等。

（2）必须由人提供的信息，例如配置项的变更原因、变更要点、变更来源等。

应该针对第（2）类信息定义规则并尽量将其记录到工具中，例如在 SVN 的提交日志中记录变更要点或者相关的变更申请表编号，尽量通过工具生成配置状态信息。

此外，也可以基于上述信息衍生出一些有价值的"数据"进行通报，例如：

▶ 变更最频繁的 3 个配置项及变更次数；

▶ 变更量最多的 3 个代码源文件及变更行数（利用 diff 工具实现）；

......

CM 2.6 执行配置审计以维持配置基线、变更和配置管理系统内容的完整性

所谓的完整性是指配置库中的配置项不多也不少、版本一致、命名规范、位置正确、内容符合要求、记录完备。根据检查重点的不同，执行检查的人可以是质量保证人员、配置管理人员或者其他专家，如表 14-3 所示。

表 14-3　配置审计的说明

	常见执行者	执行的方式	检查的重点
物理审计	配置管理员或质量保证人员	检查记录； 检查配置库	是否有遗漏的配置项； 是否有多余的配置项； 配置项的版本是否正确； 配置项的标识是否正确
功能审计	项目经理、质量保证人员、配置管理员、测试人员、需求的提出者	同行评审； 测试； 交付前检查； 执行软件	所有的需求是否都实现了； 所有的需求是否都测试了； 该关闭的缺陷是否都关闭了； 该关闭的变更是否都关闭了； 用户手册等交付文档和系统本身是否一致； 所有的测试用例是否充分

也可以根据配置审计执行的时机，将其区分为日常审计（物理审计为主）与基线审计（同时包含物理审计和功能审计）。

14.4　小结

配置管理是一种针对变更与变化的技术及管理手段，用于避免变更与变化带来的混乱，归根结底也是一种适应变化并响应变化的活动。

配置管理的核心是基线管理，包括基线的建立、基线的发布、基线的变更控制、基线的状态记录、基线的审计等。

基线管理的重点是需求、代码及交付版本的管理，需要规范、技术与工具并重，分级管理基线，保证基线的完整性和一致性。

第 15 章

组织级培训（OT）

15.1 概述

人、技术、过程三者并重。技术靠人来使用，过程靠人来执行，人是地基和基础。同样的技术、同样的过程由不同人去落地，效果差别很大，因此要重视对人的能力的培养。

组织级培训（Organizational Training，OT）这个实践域涉及的是组织中跨项目组的培训活动。项目组内部的培训活动是在 PLAN 实践域中进行策划，在 MC 实践域中跟踪执行，不是本实践域讨论的培训。

15.2 实践列表

本实践域的实践列表参见表 15-1。

表 15-1　组织级培训（OT）实践列表

实践域	实践编号	实践描述
OT	1.1	培训人员
OT	2.1	识别培训需求
OT	2.2	培训人员并保存记录
OT	3.1	制订组织级的战略和短期培训需求并保持更新
OT	3.2	在项目和组织之间协调培训需求并组织培训
OT	3.3	制订、遵从组织级战略和短期培训计划并保持更新
OT	3.4	开发、使用培训能力以处理组织级培训需求并保持更新
OT	3.5	评估组织级培训计划的有效性
OT	3.6	记录、使用组织级培训记录集并保持更新

15.3 实践点睛

OT 1.1　培训人员

在组织内要对人员进行培训。

培训的形式可以有多种，如：

- ▶ 内部课堂培训；
- ▶ 脱产培训（专业培训机构在职培训）；
- ▶ 网络在线培训；
- ▶ 师徒制；
- ▶ 有指导的自学；
- ▶ 特别兴趣小组；
- ▶ 内部技术交流会；
- ▶ 工作坊；

......

OT 2.1　识别培训需求

培训需求有多种搜集途径，一般可分为自顶向下、由底向上两种方式。

自顶向下的方式是指先收集和分析公司的要求，再依次收集中层和各级员工的具体培训需求，具体做法有：

- ▶ 公司战略分析；
- ▶ 能力地图；
- ▶ 胜任力分析；

......

由底向上的方式有：

- ▶ 问卷调查；
- ▶ 人员访谈；

......

搜集上来的培训需求要划分优先级。可以按照对战略及业务的影响程度、紧急程度、参加人员数量等不同因素进行优先级的评价。对于高优先级的需求应优先安排。

也可以使用知识图谱或能力地图的方式对培训的需求进行梳理、归类，并在企业内部张贴宣传，以激发员工参与培训的主动性。

【案例】某银行研发管理骨干人员的能力地图片段（见表15-2）

表15-2 某银行研发管理骨干人员的能力地图片段

能力项	骨干（明确掌握常见的项目管理理论知识，经过体系化的项目管理学习，并取得相应证书；掌握实际项目过程中经常出现的问题和风险应对措施；能够独立分析项目过程情况，并提供相关解决方案或建议措施。）		
	能力要求	提升途径	检验方法
研发管理	全面掌握项目管理领域知识	阅读《PMBOK® 指南》《软件需求（第3版）》《项目经理修炼之道》其中一本图书，提炼总结阅读心得	组织学习分享会
		对现有项目管理制度、体系进行研读思考，并结合实际落地情况，针对现有项目管理制度体系中的某些环节，提出针对性的改善性建议报告。报告须详细说明建议、理由依据	提交建议报告
		参加PMP考试	取得证书
	项目管理专题培训	开设项目管理专业领域课程，如测试管理、需求管理、质量管理、项目管理、MS Project工具操作等	开设课程
	大中项目管理跟踪和协助	跟踪在建大中项目，对相关制度问题进行答疑和指导	项目跟踪
		对项目过程领域如性能测试、自动化测试、测试管理等进行指导或实施协助	实施协助

OT 2.2 培训人员并保存记录

培训的目的大致可以分为3类：

▶ 改变思想；

▶ 增长知识；

▶ 提升技能。

培训目的不同，采用的培训方法也应该不同，常用的培训方法有：

▶ 讲授法；

▶ 小组讨论法；

▶ 故事法；

▶ 案例法；

▶ 角色扮演法；

▶ 作业练习法；

……

反转式培训、引导式培训这类以学员为中心的教学方式是当前替代填鸭式教学的培训趋势。

在培训之前要做好准备工作，对照检查单进行细致的检查是很多培训专员常用的方法。

【案例】某企业使用的培训准备检查单（见表 15-3）

表 15-3 某企业使用的培训准备检查单

序号	项目	子项目	数量	备注
1	准备培训场地及设施	预订会议室		
2		准备电脑		
3		调试音响		
4		投影仪		
5		话筒		
6		确认课桌摆放		
7	发送培训通知	通知讲师及参训人员		训前 3 天发送
8		训前提醒通知		训前 1 天发送
9	培训教材	培训讲义		训前 3 天与培训方确认
10		参考资料		
11		试题		
12	培训用具	白板		
13		白板笔		
14		白板纸		
15		A4 纸		
16		铅笔		
17		U 盘		
18		签到表		
19		学习反馈表		
20		磁钉、磁条		
21		订书机		

续表

序号	项目	子项目	数量	备注
22	培训用具	剪刀		
23		胶条		
24		电池		
25		矿泉水		

OT 3.1 制订组织级的战略和短期培训需求并保持更新

战略培训需求侧重于长远的组织级能力的培养。组织应该有自己 2 ~ 5 年的发展规划。根据发展规划，可以判断出需要什么样的人才，这些人才可以从外部引进，也可以在内部培养。短期培训需求侧重于如何解决当前的具体业务问题。

战略培训需求与短期培训需求要进行平衡，要划分优先级。

【案例】某企业的培训战略需求及规划（见表 15-4）

表 15-4 某企业的培训战略需求及规划

时间范围	2016 ~ 2019 年			
总体培训战略	围绕公司致力推进行业领先、铸就精品的战略，在未来 3 年以人才梯队建设为重点，专项培训与基础培训相结合，不断提升员工业务能力水平，为公司战略发展提供强有力的人才支持			
培训方向与重点				
序号	方向	项目	具体措施	培训目标
1	管理干部培养	金星计划	人才盘点+有意识培养	干部内培占比 85%
2	大学生培养	卫星计划	车间实习+部门培养+重点关注	破格晋升率 10%，储备大学生 200 名
3	管理人才专项培训	A 系列班	课程培训+行动学习+项目设计+导师辅导	管理干部中 A2、A3 班学员占 50%，培养学员 180 名
4	专业人才专项培训	产品经理班	课程培训+行动学习+项目设计	培养学员 100 名
5		制造精英班	课程培训+行动学习+项目设计	培养学员 80 名
6		质量精英班	课程培训+行动学习+项目设计	培养学员 60 名
7		销售精英班	产品知识培训+营销知识培训+管理知识	培养学员 50 名
8	专业知识培训	专业培训	课程体系+讲师体系建设	每年每人 12 学时以上

可以借鉴用户故事的方式描述培训需求，如下例所示。

【案例】某企业需求人员培养的用户故事（见表15-5）

表15-5　某企业需求人员培养的用户故事

阶段	目标	验收标准
知	我要学习软件需求有关的经典著作，以熟悉软件需求工程方法，并能通过考试	3个月内，完成《软件需求（第3版）》的学习与讲解，至少完成3本图书的自学；通过闭卷笔试，得分≥80分
行	我要实践软件需求工程方法，以减少需求响应周期和需求变更率，提高需求转化率	需求响应周期≤3个工作日；需求变更率≤5%；需求转化率≥90%
师	我要输出培训，以分享知识和经验给其他人；我要当评委，指导其他项目的需求评审活动	完成1次培训，包括课件编写、培训实施；至少参加3次其他项目的需求评审，每次给出的有效意见不少于5条

OT 3.2　在项目和组织之间协调培训需求并组织培训

有些培训是整个组织统一组织安排的，有些培训是在某个部门内部安排的，有些培训是项目组自己安排的。在采集了培训需求之后，可以根据培训的主题、通用性、重要性、紧迫性等，在组织的不同范围内决策如何分配这些培训的职责。

【案例】培训需求的统计与分配（见表15-6）

表15-6　培训需求的统计与分配

序号	培训内容	培训级别			培训类别			培训对象	培训方式		计划月份	预计费用（元）	负责人	备注
		组织级	部门级	项目级	能力提升	适应性培训	岗位培训		内部培训	外部培训				
1	公司领导培训	✓			✓			公司领导		✓	待定	19000	**	
2	企业法律风险防范	✓				✓		公司相关员工	✓		待定	0	**	
3	集团法务培训	✓				✓		公司法务负责人		✓	9月	2900	**	
4	消防安全知识培训	✓				✓		公司员工	✓		待定	2000	**	
5	投资分析或战略模式		✓			✓		公司相关员工		✓	8月	20000	**	
6	人力资源工作业务培训		✓			✓		人力资源部门员工		✓	全年	0	**	
7	新员工培训	✓				✓		公司新员工		✓	7月	20000	**	各部门协办
8	公司统一内训（经营管理等）	✓			✓			公司全员		✓	6月	20000	**	各部门协办

续表

| 序号 | 培训内容 | 培训级别 | | | 培训类别 | | | 培训对象 | 培训方式 | | 计划月份 | 预计费用（元） | 负责人 | 备注 |
		组织级	部门级	项目级	能力提升	适应性培训	岗位培训		内部培训	外部培训				
9	统计师中高级有关培训		✓		✓			张三、李四		✓	6月	0	**	
10	集中采购业务流程培训	✓					✓	各部门采购员	✓		待定	0	**	
11	新安全生产法培训学习	✓			✓			各部门安全员	✓		1月	0	**	
12	安全生产相关培训	✓					✓	公司全员	✓		待定	0	**	
13	全能UEUI+产品实战营				✓			市场部全员		✓	5月	12000	**	
14	新版HELAVA培训			✓	✓			通讯部软件组	✓			0	**	项目组自行安排
15	POS数据处理			✓			✓	通讯部软件组	✓			0	**	项目组自行安排
16	云计算大数据实战学习		✓				✓	应用开发部全员		✓	3～9月	10000	**	
17	大数据可视化技术培训		✓				✓	应用开发部全员		✓	5～12月	10000	**	

OT 3.3 制订、遵从组织级战略和短期培训计划并保持更新

战略培训计划是长期的，着眼于未来的培训计划。比如2年甚至更长远的培训计划。有的公司建立了后备人才的培养计划，这就是战略培训计划。

组织级战略培训计划的内容可以参见 OT 3.1 节中给出的战略培训需求实例，其中包含了战略培训计划内容。

短期培训计划可以是本年内的、季度的、月度的培训计划等。

短期培训计划中的内容一般比较具体、详细，通常要包含：

▶ 培训需求；

▶ 培训的主题；

▶ 培训的对象；

▶ 培训方式；

▶ 培训日期与时长；

- ▶ 预算；

- ▶ 责任人；

- ▶ 需要的资源，包括工具、设施、环境、人员；

- ▶ 对培训教材的要求和质量标准；

......

也可以对各岗位人员的培训时长制订要求，例如：技术人员每年接受脱产培训的时间为 10 人·天，管理人员接受脱产培训的时间为 5 人·天。

OT 3.4　开发、使用培训能力以处理组织级培训需求并保持更新

建立和维持培训能力来满足组织的培训需求。培训能力建设包括：

- ▶ 培训讲师的筛选与评价；

- ▶ 培训课程的设计要求；

- ▶ 培训方法的选择；

- ▶ 培训课程的设计评审；

- ▶ 试讲机制（可以用于选择有能力的讲师，也可用于提高讲师的水平）；

- ▶ 培训的支持工具、平台、设备、环境等；

- ▶ 对培训的讲师及组织者进行培训；

......

有很多公司都建立了内部讲师的筛选、培养、考核、晋级的制度。国内也有很多大型企业建立企业内部的大学，自己开发培训课程，内化外部培训课程，都取得了很好的效果。

有很多公司建立了 E-learning（在线学习）系统，以提供在线培训和管理培训的资料。

OT 3.5　评估组织级培训计划的有效性

对组织实施的培训效果予以评估。评估培训效果的方法有多种：

- ▶ 随堂考试；

▶ 培训满意度调查（包括对受训人员的满意度调查、对管理人员的满意度调查等）；

▶ 培训效果访谈；

……

培训效果的评估有短期评估和长期评估。长期评估主要侧重对实际工作业绩的影响。如：

▶ 对年度、季度等培训计划执行情况的有效性进行评估，做过的这些培训是否对实际的工作业绩、工作方法、工作习惯有影响；

▶ 是否还需要继续做这些培训；

▶ 有哪些改进之处。

1959 年，威斯康星大学教授唐纳德·L·柯克帕特里克提出了柯氏四级评估模式，他认为，培训效果评估包括 4 个层次，可以据此设计培训效果的评估机制，如表 15-7 所示。

表 15-7 柯氏四级评估模式

层次名称	定义	评估内容举例	评估方法	评估时间
1 反应层	评估学员对培训的满意程度	对讲师培训技巧的反应； 对课程内容设计的反应； 对教材挑选及内容、质量的反应； 对培训组织的反应	问卷调查法； 面谈法； 座谈法	培训结束后
2 学习层	评估学员在知识、技能、态度等方面的学习获得程度	受训员工是否学到了东西； 受训员工对培训内容的掌握程度	提问法； 笔试法； 面试法	培训进行时或培训结束后
3 行为层	评估学员对培训知识、技能的运用程度	受训员工在工作中是否使用了他们所学到的知识、技能； 受训员工在培训后，其行为是否有了好的改变	问卷调查法； 360 度评估； 绩效考评	培训结束 3 个月或半年后
4 结果层	从部门和组织的层面，评估因培训而带来的组织上的改变效果	员工的工作绩效是否有所改善； 客户投诉是否有所减少； 产品质量是否有所提升	个人与组织绩效指标； 成本效益分析	培训结束半年或一年后

OT 3.6 记录、使用组织级培训记录集并保持更新

建立并维护组织的培训记录，通常要收集的记录包括：

▶ 培训需求调查记录；

▶ 培训计划；

▶ 培训通知；

▶ 培训签到表；

▶ 培训反馈表；

▶ 培训小结、培训总结或培训工作报告；

▶ 培训试卷；

▶ 员工培训档案；

......

要为每位员工建立培训档案，便于查阅每位员工的能力提升情况。可以使用信息化管理系统或 Excel 表格来记录和管理员工培训档案和其他相关培训记录。

除了这些计划与记录，培训讲义是一种重要的组织公共资产，不管是电子版还是纸质版的讲义都应进行收集并妥善保管，便于查阅和以后重复利用。

15.4 小结

除了本实践域的实践，GOV 和 II 中的下述实践也包含了培训的内容：

▶ II 2.1 提供了充足的资源、资金和培训来制订和执行过程；

▶ GOV 2.2 高级管理者确保提供了资源和培训，用于制订、支持、实施、改进过程并评价与预期过程的符合性；

▶ GOV 3.2 高级管理者确保人员能力和过程与组织的目标保持一致。

结合本实践域的实践与上述实践，为了提升培训的执行效果，可以从以下几点予以改进：

▶ 管理者应该将培训视为一种投资，既要紧密围绕业务目标关注回报，也需要一以贯之地提供资源与支持；

▶ 应该基于组织的长期发展与短期工作所需的能力来培训，而不是仅基于"兴趣"或"热点"来培训；

▶ 应该建立教、学、用的督促与评价机制，以能力的提升为目标，而不仅仅依赖于单一的问卷调查评价；

▶ 培训本身的能力需要培养与建设，培训工作的开展应该有计划、执行、小结和反思。

第 16 章

过程资产开发（PAD）

16.1 概述

过程资产开发（Process Asset Development，PAD）也可以翻译为过程财富开发。过程资产是指与过程有关的组织级方针、过程描述、裁剪指南、检查单、模板、规程定义、培训材料、工作环境以及项目组裁剪后的过程定义、经验教训、典型案例、度量数据等资料。注意，组织级的过程资产库中包含了组织的过程描述。

资料与资产之间最大的区别就在于是否被利用，堆积了大量资料但没人看、没人用也是实践域需要解决的问题，所以资料的采集、资产的提取、资产的推广、推广后的监督缺一不可。

16.2 实践列表

本实践域的实践列表参见表 16-1。

表 16-1　过程资产开发（PAD）实践列表

实践域	实践编号	实践描述
PAD	1.1	开发过程资产以执行工作
PAD	2.1	确定哪些过程资产是完成工作所必需的
PAD	2.2	开发、购买、复用过程和资产
PAD	2.3	使过程和资产可获得
PAD	3.1	制订、遵从创建和更新过程资产的策略并保持更新
PAD	3.2	建立、记录和保持更新过程架构以描述组织过程和过程资产的结构
PAD	3.3	开发、保持更新过程与资产并使其可用
PAD	3.4	制订、使用标准过程集和资产的裁剪准则和指南并保持更新
PAD	3.5	建立、保持更新组织过程资产库并使其可用
PAD	3.6	制订、保持更新工作环境标准并使其可用
PAD	3.7	制订、保持更新组织度量和分析标准并使其可用

16.3 实践点睛

PAD 1.1 开发过程资产以执行工作

在开始工作之前，定义好过程、工作指南、模板、检查单等。

PAD 2.1 确定哪些过程资产是完成工作所必需的

过程定义、模板、检查单一般统称为过程体系；其他过程资产则可能以各种库的形式体现，例如经验教训库、最佳实践库、度量库、风险库等。

对于由乱到治的组织，过程体系的建立应该优先开展，以开始推行过程。当过程体系基本稳定后，则将重点放在充实经验教训、风险、最佳实践与度量数据上，以持续优化过程。

【案例】某企业过程体系建立大纲（局部）

黄色的单元格代表重点建立的过程体系，灰色的单元格代表已经存在的过程体系，如表 16-2 所示（见文前彩插）。

表 16-2　某企业过程体系建立大纲（局部）

阶段	过程定义	指南	检查单	模板
可行性研究	可行性研究规范			可行性研究报告
前期需求调研		需求调研工作指南	常见调研问题清单	需求调研报告
项目启动/策划	项目策划规范	项目估算工作指南		项目启动会说明 项目整体计划 项目估算记录 项目进度计划
需求调研及分析	需求调研及分析规范	界面原型设计工作指南（工具、规则、素材）	需求评审检查单	需求规格说明书
需求管理	需求变更规范			变更申请单/工具 需求跟踪矩阵/工具
设计	设计规范	UI设计工作指南 数据库设计工作指南	设计评审检查单	系统设计说明书 数据库设计说明书
开发	编码实现规范	编码规范 单元测试工作指南	代码走查检查单	代码走查记录/工具

PAD 2.2 开发、购买、复用过程和资产

过程资产可以是自己开发的，也可以是购买的或者复用的，目的是降低开发资产的成本。

比如，从其他企业合法拿来的资产是一种复用；由外部顾问提供的资产是一种复用；将公司内某部门的资产运用到其他部门也是一种复用。

与其他资产相比，过程体系建立往往一次性投入高，难度也相对较大。表 16-3 总结了几种常见的问题及对策。

表 16-3 过程体系建立的几种常见问题及对策

问题	对策
没时间	过程体系建设的任务要估算工作量并约定可投入的工作量； 增量式建立，贵精不贵多； 每周固定的时间、时段集中建设过程体系； 能统一定义的尽量统一定义，提高复用
不会做	参照范例编写过程体系； 参加体系建设方法的培训； 两人结对编写体系； 小迭代、快速交付、反馈反思； 分析成功与失败案例； 先专题讨论，再整理讨论结果为过程体系
质量差	体系本身要制订规范，即定义过程模板、文档模板的模板等； 编写好模板后，自己先试填一下； 给体系编写者宣讲体系评审的检查单； 体系讲师与体系编写者为同一个人； 尽可能工具化、公式化，能提前设置好的就提前设置好

如何定义过程体系在《术以载道——软件过程改进实践指南》一书中有详细的描述，大家可以阅读该书的第 3 章以详细了解过程体系建立的方法、步骤与注意事项。

在定义过程体系中的每个文档时，要思考该文档是否是必需的，谁阅读该文档，该文档的价值是什么。笔者在咨询实践中，建议客户将文档按重要性分成以下 4 类。

（1）一线产出物：交付文档物，如用户手册、安装手册、维护手册等，这是客户所需要的文档。

（2）二线产出物：工程文档，包括需求文档（访谈记录、客户需求描述、产品需求描述、界面原型）、设计文档（概要设计、详细设计、接口设计）、测试用例等，在此类文档的基础上进行后续加工，生成交付的产品，这是围绕交付的产品所需要的文档。

（3）三线产出物：管理文档，包括项目计划、测试计划、评审计划、问题跟踪表、需求跟踪矩阵等，不是生成交付产品所必需的，是管理项目活动所需的文档。

（4）四线产出物：活动记录与汇总报告，包括评审报告、跟踪报告、检查报告、审计报告、产品集成报告、质量保证报告等，是记录活动结果的文档，这些文档本身对交付的产品是没有产生价值的，用来证明我们做过某活动，或做过对某活动的总结分析。

不同类的产出物，可以定义不同的简化原则，它们的价值是不同的。从一线产出物到四线产出物，价值是依次降低的：一线产出物必须有；二线产出物尽量有；三线产出物尽量少；四线产出物尽量无。

在定义文档中的每个章节或数据项时，要思考每个章节或数据项是否是必需的，谁会阅读该文档或数据项，是否会基于该文档或数据项进行后续加工以生成其他文档或数据分析报告。图 16-1 给出了一个采用上述方法简化会议纪要模板的案例。

会议主题	项目周例会		
会议主持	朱		
会议时间	2018/04/06	会议地点	公司E栋会议室9
会议记录	朱	记录复查	李
参与人名单	叶、朱、宝、龙、丹、娟、宁		
缺席人员			
会议参考文档	无		
会议的主要内容及结论			
1. 本周工作完成情况： （1）基线审核并纳入基线库； （2）编写配置状态报告； （3）需求里程碑评审会议； （4）需求里程碑报告。 2. 本周资源投入情况： 项目经理1人、质量保证人员1人、配置管理员1人、需求1人。 3. 风险： 本周无新的风险产生，将跟进的风险项目团队人员不足问题已解决，人员已到位。 4. 问题： 人员问题已得到解决。			
下周工作安排			
1. 编写概要设计说明书； 2. 再次跟客户沟通未确认的需求； 3. 技术调研。			

会议主题	项目周例会
会议时间	2018/04/06
参与人名单	叶、朱、宝、龙、丹、娟、宁
会议的主要内容及结论	
1. 本周工作完成情况： （1）基线审核并纳入基线库； （2）编写配置状态报告； （3）需求里程碑评审会议； （4）需求里程碑报告。 2. 本周资源投入情况： 项目经理1人、质量保证人员1人、配置管理员1人、需求1人。 3. 风险： 本周无新的风险产生，将跟进的风险项目团队人员不足问题已解决，人员已到位。 4. 问题： 人员问题已得到解决。	
下周工作安排	
1. 编写概要设计说明书； 2. 再次跟客户沟通未确认的需求； 3. 技术调研。	

图 16-1　会议纪要模板的简化案例

PAD 2.3　使过程和资产可获得

酒香也怕巷子深，要让大家知道过程和资产存放在什么位置，设置好权限并确保可以方便地访问这些过程和资产。

存放过程和资产的常见工具有共享盘、SVN 等版本管理工具，企业内部的管理工具，Sharepoint 等商业化工具，基于 Web 的工具（例如 Eclipse Process Framework 或 Confulence），基于云的共享工具（例如 Seafile），等等。选择工具时，除了考虑成本，还要考虑易用性，比如有的企业使用的资产推送工具虽然是 Web 化的，但无法在线浏览，要先下载，再解密，最后才能打开，这必然会影响资产使用的积极性。

【案例】某企业利用 SharePoint 搭建的过程体系导航视图（见图 16-2）

某企业以 IPD（Integrated Product Development，集成产品开发）作为过程体系的理论框架，建立了体系库，图 16-2 为体系库的导航视图，使用者可以直接点击进入相关的过程、模板库中。

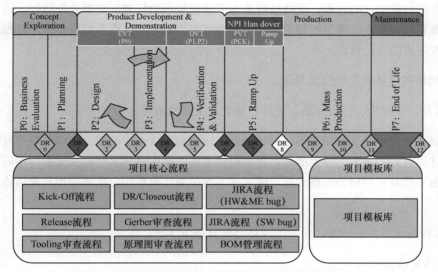

图 16-2　某企业利用 SharePoint 搭建的过程体系导航视图

PAD 3.1　制订、遵从创建和更新过程资产的策略并保持更新

创建和更新过程资产包括以下策略。

- ▶ 过程资产的范围：使用哪些模板，使用哪些检查单，使用哪些工具等。

- ▶ 过程资产的责任人。

- ▶ 过程资产的宏观管理思想，如：
    - 先模板定义再过程定义，还是先过程定义再模板定义；
    - 通过工具固化过程；
    - 模板尽可能简单还是尽可能完备；
    - ……

▶ 过程资产的更新过程与审批权力。

......

需要强调的是，过程资产的更新策略必须考虑组织的业务目标，支持业务发展的需要。

PAD 3.2 建立、记录和保持更新过程架构以描述组织过程和过程资产的结构

建立过程和过程资产时可以参考各种标准、模型和规范，比如 ISO 的标准、各种敏捷框架、集成产品开发（Integrated Product Development，IPD）、CMMI 等。组织建立的是自己的过程，执行的也是自己的过程，这些过程是为了解决组织的问题，实现业务目标，这套过程可以符合、兼容各种标准、模型和规范。组织级的过程体系包含了很多组成部分，过程架构是组织级对过程体系的顶层设计。

过程架构可以从两个维度来刻画。

▶ 过程、子过程、过程元素、工作产物之间关系的描述。

比如评审过程划分为评审准备、评审执行、评审总结 3 个子过程。评审准备子过程又包含了计划制订、会议室准备、专家准备、评审材料准备、会议通知 5 个过程元素，不同过程或子过程之间也可能具有相同的过程元素。通常在实践中通过流程图、框图等形式来描述它们之间的关系。

▶ 过程基本属性的描述，常见的描述方法有以下 3 种。

i. ETVX 模式：

输入、进入准则、任务、输出、退出准则以及检验活动。

ii. 12 元素法：

除了 ETVX 中的 6 个元素以外，还包括目的、参与角色、度量元、裁剪准则、遵循的标准、衔接的过程。

iii. 最简五要素法（见表 16-4）：

▶ 要解决的问题是什么；

▶ 最基本的成功原则是什么；

▶ 最简单的活动是什么；

▶ 可见的结果或输出有哪些；

▶ 补救的措施有哪些。

表16-4 会议评审过程的最简五要素

名称	会议评审
目的	在保证评审质量的前提下，提高评审的投入产出比
成功原则	1. 选择合适的专家参与： （1）必须有专家池的人参与； （2）上下游必须参与； （3）控制与会人数。 2. 控制每次评审的规模。（将"有效内容10页/小时"定为上限。） 3. 会议上不讨论如何解决问题
最小活动集	1. 作者确定评审的内容与规模，每小时评审的页数不超过10页。 2. 作者选择评审参与人员及必须参与的专家，有来自专家库的，有来自上下游的，不同类型的评审不超过其上限人数。 3. 提前2天发送评审材料。 4. 作者向专家确定是否按时与会，并搜集事先发现的问题。 5. 现场指定记录员。 6. 如果有事先发现的问题，就先讨论问题。 7. 作者介绍一遍问题，各位专家现场提出问题，记录员负责记录问题，形成电子版记录。 8. 各位专家对提出的问题达成一致意见。 9. 在评审结束之前，由记录员复读一遍问题，专家确认没有遗漏或错误的记录。 10. 各位专家给出本次评审的结论：通过/再次评审/有条件通过。 11. 记录员1小时内邮件发出评审报告。 12. 作者自己将评审发现的缺陷拷贝到缺陷跟踪系统中。 13. 质量保证人员在配置项入库时检查问题的关闭
可见结果	评审报告或会议纪要
补救措施	需求澄清、代码走查、系统测试

注：本表中的"作者"表示工作产品（被评审对象）的作者，参见第5章。

实际工作中，也可以通过设计过程体系和资产本身的模板将过程架构固化下来。

PAD 3.3 开发、保持更新过程与资产并使其可用

过程和过程资产的维护应该责任到人，并定义变更的过程。

过程资产在使用后应该进行监督，例如监督资产的下载或点击次数：某企业制订了C语言的编码规范并利用企业的内部平台分享推广，统计了被下载的次数后，发现该编码规范虽然存在了3年且该企业的员工数量上百，但实际下载次数只有25次（最后1次还是企业顾问下

载的），这就是典型的资料未形成资产的现象。

PAD 3.4　制订、使用标准过程集和资产的裁剪准则和指南并保持更新

裁剪指南比过程定义本身更重要，如果没有裁剪指南，指望一套过程适合所有的项目、所有的场景是不现实的，因此必须定义裁剪指南，在标准化与灵活性之间进行平衡，从而确保体系的实用性。有的企业，其不同项目类型（例如应用软件类项目和算法调优类项目）间的过程差异极大，此时就应该考虑分别建立不同的过程定义。

【案例】基于项目特征的裁剪指南（见表16-5）

基于项目特征的勾选，自动推荐生命周期模型、管理策略、风险、过程底线、裁剪细则等。

表16-5　基于项目特征的裁剪指南

	项目特征名称	请选择本项目特征		管理策略类型	管理策略
	清除	1.使用说明：(1)选择本项目特征；(2)将生成的基本管理策略、风险提示等内容复制到Word中查看；(3)重新使用时请先删除项目特征，再点击B1单元格中的"清除"按钮。 重要提示：>仅支持Office（不支持WPS）；>打开文件后，如提示"安全警告 宏已被禁用"，请点击"启用内容"放开限制；>项目特征选择错误时，请按第③步操作，不支持重复选择。 2.项目类型： (1) 维护类：在已有系统基础上仅解决客户反馈缺陷、新增工作量较小的需求或及时响应客户问题的研发项目。 (2) 研发类：新系统研发、改动较大的版本升级或系统改版的研发项目。 3.生命周期模型推荐：管理策略中瀑布与迭代前的百分比为推荐侧重度的比例，即更推荐用比例大的生命周期模型完成此项目。			
	项目类型	研发类		生命周期模型推荐	1. 按月设置里程碑，按阶段或里程碑进行总结； 2. 必须有进度表，当月任务颗粒度小于周，每天跟踪任务； 3. 质量第一，质量投入要高，各阶段需要落实质量控制； 4. 需求划分优先级，工期紧张时，可以裁减或优先级低的需求； 5. 需求变更要走正式变更流程； 6. 加强产品的架构设计，在设计上加大投入，需要导入架构设计、多套备选方案、复用设计、软件重构等实践； 7. 在系统测试策略中要包含技术框架的测试； 8. 正确定义产品概念、市场需求作为流程的第一步，开始就把事情做正确
	项目类型规模	小型		基本管理策略	1. 项目经理对项目成员进行直接管理； 2. 成员可复用担任多种角色； 3. 按周发布项目周报； 4. 做好复用分析； 5. 产品交付时间急迫，需要快速原型方式进行开发； 6. 加强客户的沟通，与客户多进行汇报和确认； 7. 引入敏捷开发的实践； 8. 与客户沟通、明确产品的分期交付，但每次交付必须是可运行版本
	技术新颖程度	成熟技术			
	客户特征	互联网			
	客户重要性	一般客户			
	团队经验	新人多			
	人员流动性	低		风险提示	1. 加强项目组面对面沟通和交流； 2. 可落实站立会议、结对编程等敏捷实践； 3. 阶段成果评审，尽可能采用会议方式进行
	项目经理经验	丰富			
	项目成员涉及部门	单部门			
	项目工作地点	单地点工作		裁剪指南	1. 需求确认后，按阶段进行各项工作； 2. 项目经理对项目成员进行直接管理
	关联项目	单项目			
	需求稳定性	需求稳定			
	产品数	单产品			
	业务覆盖地域数	单地域		管理与执行底线要求	1. 落实各阶段的质量控制； 2. 评审和测试工作量投入较多
	有无外部合同	无			
	管理上的平衡	质量优先			

PAD 3.5　建立、保持更新组织过程资产库并使其可用

此条实践可以和 PAD 3.3 联系起来理解。本实践要求把过程资产分类管理，纳入配置管理，建立过程资产库。过程资产库中的常见内容见图16-3。

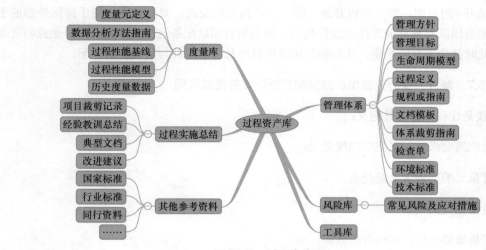

图16-3 过程资产库

资产库要保持更新，既包括纳入新的资产，也包括变更、删除无人使用或不再适用的资产。

【案例】将资产库固化到现有工具中

某企业使用青铜器研发管理系统进行各类过程的管理，当新建一个页面（例如风险）时，以悬浮框的形式提示过程定义中对风险参数的定义与说明，这相当于将模板及过程定义固化到工具中。同时，选取了风险类型后，也会推荐历史的常见风险。该企业将上述信息称之为过程的场景知识。

PAD 3.6 制订、保持更新工作环境标准并使其可用

组织级的工作环境标准包括：

▶ 办公环境；

▶ 软件工具；

▶ 硬件设备；

▶ 网络环境；

▶ 组织级的安全保密措施与规定；

……

工作环境标准的制订，要平衡多方的需求和诉求。例如，从提升团队效率的角度，工作环

境应该遵循开-闭原则，即：对内开放，便于团队内部的交流；对外封闭，便于排除外部的干扰。这就需要团队有独立的工作室或作战室，但为所有团队配备这样的环境对不少企业而言是奢侈的，此时就应该有所平衡，比如根据团队所属产品的重要性与紧迫性来分配。

PAD 3.7　制订、保持更新组织度量和分析标准并使其可用

该实践是让我们思考并定义：

▶　组织级要求统一采集哪些度量元；

▶　度量元的准确含义是什么；

▶　数据如何采集；

▶　采集数据之后，如何分析数据；

▶　项目组如何裁剪组织级的度量定义。

关于组织级度量的更多信息，参见第 18 章。

16.4　小结

"从实践中来，到实践中去"是开发并维护过程资产的基本原则。过程资产与过程执行的关系如图 16-4 所示。

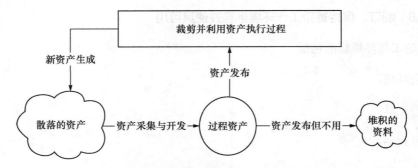

图 16-4　过程资产与过程执行的关系图

借助 PAD 的推行落地，可以最大化过程资产的利用，以提升过程执行的性能，并且最小化资料的堆积，以减少低价值的浪费。

第 17 章

过程管理（PCM）

17.1 概述

过程管理（Process Management，PCM）用以指导组织持续的改进过程，达成业务目标。CMMI 将"过程"解释为"将投入转化为产出的一系列相互关联的活动，以实现既定的目的"。结合我们的实践经验，可以从图 17-1 所示的多个维度拓展过程的内涵。

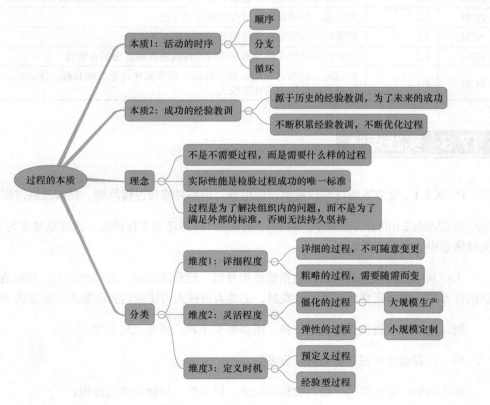

图 17-1 过程的本质

17.2　实践列表

本实践域的实践列表参见表 17-1。

表 17-1　过程管理（PCM）实践列表

实践域	实践编号	实践描述
PCM	1.1	建立支撑体系以提供过程指导、识别并修复过程问题、持续改进过程
PCM	1.2	评估当前的过程实施状况并识别强项和弱项
PCM	1.3	应对改进机会或过程问题
PCM	2.1	识别对过程和过程资产的改进点
PCM	2.2	为实施选中的过程改进，制订、遵从计划并保持更新
PCM	3.1	建立、使用可追溯到业务目标的过程改进目标并保持更新
PCM	3.2	识别对满足业务目标贡献最大的过程
PCM	3.3	探索和评价潜在的新过程、技术、方法和工具以识别改进机会
PCM	3.4	为实施、部署和维持过程改进提供支持
PCM	3.5	部署组织标准过程和过程资产
PCM	3.6	评价已部署的改进措施在达成过程改进目标方面的有效性
PCM	4.1	对照提出的改进预期、业务目标，或质量和过程性能目标，采用统计和其他量化技术确认选中的性能改进

17.3　实践点睛

PCM 1.1　建立支撑体系以提供过程指导、识别并修复过程问题、持续改进过程

在 CMMI 2.0 的官方翻译中，将 support structure 翻译为支持团队，我这里翻译为支撑体系。支撑体系中包含以下内容。

人：从事过程改进的人员，包括管理指导组、过程改进组、过程行动组、过程责任人、过程执行人等；按照研究机构的经验数据，上述人员投入占比应达到研发人员数量的 5%。

财：为过程改进提供的资金支持，用以购买工具、设备、培训等。

物：过程改进所需要的工具、设备等。

运作机制：如何将人、财、物运用起来，以长期、持续地改进过程。

在支撑体系中，人依然是最关键的因素，而管理指导组及过程改进组是该因素中的核心。

可以结合治理实践域的要求，定义管理指导组的人员组成及职责。

【案例】管理指导组（Management Steering Group，MSG）组建指南

（1）人员组成：

- 公司的高层经理担任 MSG 的组长；
- 工程过程组（EPG）的组长要参与 MSG；
- 各有关部门的经理；
- 其他人员。

（2）主要职责：

- 将过程改进规划与组织的业务目标和战略联系起来；
- 设定过程改进领域的优先级；
- 为特定改进领域的工作组建立章程；
- 向其员工和经理申明对改进过程活动的承诺；
- 监控改进活动与状态；
- 及时评估已完成的改进活动的影响；
- 管理过程改进风险和消除障碍。

基于企业的管理文化与风格，管理指导组中可能会包含挂名但并不实际参与的领导，此时应定义管理指导组的分级管理及决策机制。例如，某企业将其研发总监作为"常务 MSG"，大部分改进相关的汇报、决策活动由其担当，同时也由该常务 MSG 决策是否需要其他"名誉 MSG"的介入。

【案例】工程过程组（Engineering Process Group，EPG）组建指南

（1）人员组成。

EPG 组长的要求：

- 具有 6 年以上工程经验；
- 熟悉工程理论；

▶ 在公司内具有较高的威望，最好有行政职务；

▶ 具有很强的沟通协调能力。

EPG 成员的要求：

▶ 对软件 / 硬件工程有 5 年以上经验；

▶ 对公司有足够忠诚度，不能流动性太大；

▶ EPG 小组应该至少有一个全职负责人和多个兼职人员；

▶ 质量保证组、配置管理组、度量组的组长要参与 EPG。

（2）EPG 职责。

▶ 制订过程改进计划；

▶ 组织企业过程体系的建立；

▶ 负责企业过程体系的推广；

▶ 负责企业过程体系的持续改进；

▶ 建立和维护组织级的度量库；

▶ 建立和维护组织级的过程资产库；

▶ 为高级管理者汇报组织的过程改进进展；

▶ 定期评估组织过程改进的实施情况；

▶ 组织和实施各种外部评估活动。

组建过程改进组时，应该有正式的人员任命，以增加其在公司内的认同感和权威度，也可采用其他手段，比如某公司为改进组成员佩戴专门的胸章、将改进组成员尊称为老师、教练等。

应该建立过程改进组的章程，以规范过程改进组自身的工作开展，章程中应包括短期目标、长期目标以及成员的选拔和淘汰方式。

PCM 1.2　评价当前的过程实施状况并识别强项和弱项

评价可以在内部开展，也可以借助外部力量执行，CMMI 评估属于一种外部评价手段。评价当前的过程时，可以参照各种标准，未必一定使用 CMMI 模型。

评价的最终目的是判断当前执行的过程是否能满足组织的业务目标，是否有更好的做法能满足目标。简单而言就是合规性与有效性。有的企业每年都做内审，但如果内审时仅检查各岗位、各项目组、各部门是否按照组织级的过程执行了，则只是完成了本实践的一半要求。

评价前应该进行充分的计划与准备，包括参与项目、参与人员、场次安排、设备、问题单等。

评价时应该综合多种手段，包括人员访谈、成果检查、现场观察、量化数据分析等。

评价后应该将结果正式发布出来，并向管理指导组汇报，让高层能够知情。

为了引起管理者及相关人员的重视，对发现的薄弱环节的描述可以包含现象、事实、可能的/已产生的影响以及改进建议。举例如下。

▸ 发现的现象：需求变更申请单没有测试经理的签字。

▸ 追查后的事实：测试经理及测试人员对该变更不知情。

▸ 可能的/已产生的影响：测试了不再需要的需求，浪费资源与时间；漏测，影响交付质量。

▸ 改进建议：如果只是个别项目的现象，则从日常督查和审计的角度改进即可；如果是普遍现象，则应该考虑现有变更申请与通知机制的优化。

PCM 1.3　应对改进机会或过程问题

有过则改，择善从之。针对改进机会，可以尝试采取改进行动，如引入新的方法论等；对于过程问题，可以采取纠正措施或预防措施，如加强检查或培训等。

PCM 2.1　识别对过程和过程资产的改进点

识别改进点的方法大约有 10 种，如图 17-2 所示。

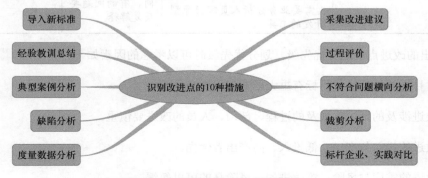

图 17-2　识别改进点的 10 种措施

上述措施在《术以载道——软件过程改进实践指南》的 1.2.5 节中有详细解释，此处不再赘述。

【案例】某企业用于需求相关的经验总结及改进点识别（见表 17-2）

表 17-2 某企业用于需求相关的经验总结及改进点识别

对比项	需求获取	需求规格说明书编写	需求评审	需求沟通
场景	集团商务服务运营支撑系统，在多个省市开展商务服务业务，运作方式不同，对系统需求存在差异			
措施	1. 选取典型业务省份进行实地调研。 2. 调研后提交调研记录，由客户确认	1. 关键参加人员：参与调研人员、项目经理、系统分析师。 2. 对业务流程进行梳理细化，形成业务处理及系统操作流程。 3. 基于业务处理及系统操作流程，明确功能需求，包括功能特性、输入及输出、处理规则、使用角色等。 4. 结合需求规格说明书编写，完成关键功能界面的 UI 设计	完成需求规格说明书后，进行项目组内评审，通过后再提交公司评审。通过两轮评审的文档才能提交给客户	3 次需求确认法： 1. 客户对调研记录签字确认； 2. 调研结束后快速开发低保真原型，给客户演示后请客户确认，提出修改意见； 3. 在安排开发计划时，首先安排界面的设计与开发，然后让客户确认高保真界面
措施的效果	1. 通过实地调研及调研记录确认，减少对需求认知的分歧。 2. 平衡了调研的针对性与完整性	熟悉系统建设思路及需求的项目组关键人员参与，沟通效率高	项目组人员（含开发人员）参与需求评审，加强对需求的理解，沟通效率高	1. 有助于对模糊的需求进行澄清。 2. 有助于在后续的开发过程中减少客户需求变更的风险
措施的优缺点	优点：了解及确认业务需求细节及产生场景，有助于需求分析。 缺点：花费时间长	优点：厘清需求细节，项目组内达成共识。 缺点： 1. 花费时间长； 2. 要反复与客户商讨确认需求细节，有时候客户没想法，项目组自行商讨方案，有一定实施风险； 3. 需要业务分析人员掌握原型开发的工具	优点：保障需求分析的有效性、完整性。 缺点：需要经过两轮评审，花费时间长，因为每次参与人员不同，有的问题要反复解释	优点：减少了需求返工，需求明确

识别出的改进点要划分优先级。划分优先级时可以考虑的因素如下。

▶ 对目标的影响：对目标有重大影响者优先。

▶ 改进涉及的范围：涉及的过程、部门、人员的改进要慎重。

▶ 改进的投入与产出：低投入、高产出者优先。

▶ 改进的难度与风险：难改进的、风险高的可以暂缓。

▶ 改进的见效周期：短期内见效者优先。

......

PCM 2.2　为实施选中的过程改进，制订、遵从计划并保持更新

通过制订、遵从计划确保过程改进的工作能够有序、持续地开展，此处的计划可以分为整体计划及行动计划，行动计划需要责任到人。

推荐使用看板、Jira、Confluence 等在当前研发中推行的工具制订计划。

需要试点的改进应该区分试点计划和推广计划，因为两者的目的不同，前者是快速验证可行性与有效性，后者则是确保改进的全面落地，工作内容会有所差异。

【案例】某企业的试点计划（见表 17-3）

表 17-3　某企业的试点计划

对比项	主要任务	计划开始日期	计划结束日期	责任人	输出
试点准备	确定试点项目	2016.11.1	2016.11.2	项目管理委员会	项目列表
	制订试点项目的试点行动计划	2016.11.4	2016.11.15	工程过程组	（1）《过程改进项目试点方案》；（2）《过程改进项目试点行动计划》
	项目代表培训轮讲	2016.11.14	2016.11.15	工程过程组、项目代表	（1）培训教材；（2）考试资料
试点实施	工程过程组全程参与指导项目代表反馈试点运行情况；定期质量审计	2016.11.15	2017.2.28	工程过程组、项目代表	（1）试点项目的《质量审计报告》；（2）《质量月报》；（3）《试点改进建立跟踪表》；（4）《过程改进月度进展汇报》
	工程过程组优化过程文档	2016.12.1	2017.2.28	工程过程组	（1）修改后的体系文档，重点是文档模板的优化；（2）完成工程指南
试点总结	试点总结分享会	2017.2.21	2017.2.28	项目代表	《过程改进试点总结汇报》

PCM 3.1　建立、使用可追溯到业务目标的过程改进目标并保持更新

所有的改进都要围绕着业务目标进行，这样才不会浪费，不会做无用功。

改进的目标尽量定量化，不能量化的至少要做到可评价，也要结合当前的人员能力与整体状况，避免大而空的目标。改进目标也可以根据项目类型的不同而有所差异。

模型中关于业务目标的定义如下：组织的高层经理定义的用来确保组织能够永续经营并增加其利润、市场份额以及影响组织成功的其他因子的目标。简单而言就是影响组织赢利或长期发展的关键因子。

【案例】某 5 级企业 2019 年的业务目标及改进目标（见表 17-4）

表 17-4　某 5 级企业 2019 年的业务目标及改进目标

业务目标	质量和过程性能目标	适用项目类型
维持产品质量，2019 年控制变更回退件数不超过 ××× 次	技术评审缺陷密度稳定在 ××× 个/页范围内	中大型项目
	技术评审速率均值提升至 ××× 页/人·时	中大型项目
	上线前代码评审缺陷密度稳定在 ××× 个/KLOC 范围内	通用
	代码评审缺陷密度稳定在 ××× 个/KLOC 范围内	中大型项目
	2019 年集成测试缺陷密度基线标准差降低至 ×××	通用
小型项目，2019 年每人·月投产的项目数至 ××× 个/人·月	需求开发驻留时间 4+8 达标率稳定在 ××× 以上	小型项目
	每月完成项目的平均实际工作量降低至 ×××人·时	小型项目

注：4+8 是指版本在需求阶段的驻留时间不超过 4 个工作日，在开发阶段的驻留时间不超过 8 个工作日。

PCM 3.2　识别对满足业务目标贡献最大的过程

过程实现了目标，过程确保成功可重复，过程的贡献度也服从二八法则，过程也要识别出来关键的少数，要识别对目标贡献最大的过程，进行事半功倍的管理，少做无用功。

过程对于业务目标的贡献程度可以通过量化手段分析得出，也可以由经验评估得出。

例如，某企业的业务目标是"降本增效"，在分析其工作量分布数据时，发现交付后的开发返工工时要高于开发本身的投入工时，则应该将开发过程列为优先改进的过程。

PCM 3.3　探索和评价潜在的新过程、技术、方法和工具以识别改进机会

本实践是对 PCM 2.1 更高、更具体的要求，包含了以下观点。

（1）保持开放的心态，不断引入新的技术、方法、工具与过程，而不是故步自封。

所以，过程改进中，外部（行业对标、同行观摩、专业的咨询公司）是一种很重要的改进机会来源。

（2）人、技术、过程并重，寻找短板进行改进，而不是仅仅局限于过程。

所以，过程改进要用组合拳推行。

【案例】提升代码质量的组合拳（见表17-5）

表17-5 提升代码质量的组合拳

改进要素	预防	纠错
过程	质量文化建设/过程宣传	技术评审过程； 测试过程
技术	代码重构技术； 编码规范	持续集成技术； 测试驱动开发技术； 单元测试/系统测试技术； 量化分析/预测技术
工具	源码结构分析工具； 静态检查工具	代码评审工具； 内存泄漏检测工具； 测试自动化工具
人员能力	培训； 读"好"代码； 编码规范"听写大会"	培训； 事件/事故根因分析操演

PCM 3.4 为实施、部署和维持过程改进提供支持

为过程改进提供人、财、物，需要购买工具的就购买工具，需要培训的就进行培训，需要高层投入时间参与的就利用高层的时间，需要宣传的就宣传。

PCM 3.5 部署组织标准过程和过程资产

采用各种手段推广组织级的标准过程或过程资产，如图17-3所示。

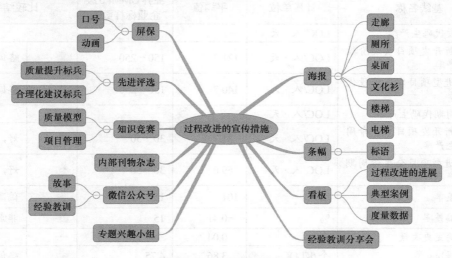

图17-3 过程改进的宣传措施

建议在过程改进团队中由专人负责策划如何宣传最佳实践、典型案例、体系规范、度量

数据等。

【案例】代码走查措施的宣传

深圳某企业在组织内推广代码走查时，策划了代码走查签名活动，鼓励开发人员导入代码走查实践，并制作了印有代码走查的文化衫，请公司的高层经理定期穿着文化衫在公司内进行宣传，如图 17-4 所示。

推广时可以分批推广，未必是一次性的。如果是工具的推广，则应该培养工具的专家。

推广过程中应该及时向外部与内部沟通过程改进的状况，高层是重点汇报对象。

图 17-4　代码走查措施的宣传

PCM 3.6　评价已部署的改进措施在达成过程改进目标方面的有效性

PCM 3.1 定义了过程改进的目标，PCM 3.6 用实际结果与目标进行对比分析。

【案例】某企业通过与标杆数据的比较评价改进效果（见表 17-6）

表 17-6　某企业通过与标杆数据的比较评价改进效果

基线名称	计量单位	平均值	业界 CMMI 3 级企业标杆数据	比较结果	
实现阶段代码生产率	LOC/人·天	—			
（1）全新开发项目实现阶段代码生产率	LOC/人·天	121.7	150～250	😞	略偏低
（2）改进型项目实现阶段代码生产率	LOC/人·天	140.7	150～250	😞	略偏低
全生命周期代码生产率	LOC/人·天	—			
（1）全新开发项目全生命周期代码生产率	LOC/人·天	81.7	30～50	🙂	好，略偏高
（2）改进型项目全生命周期代码生产率	LOC/人·天	69.6	30～50	🙂	好，略偏高
规模偏差率	%	101	15	😖	偏高约 6 倍
工作量偏差率	%	−0.41	15	😐	非常准确
需求平均变更次数	次/项	0.04	—		
新增代码 bug 率	个/KLOC	3.86	4.75	😞	略偏低
bug 平均驻留时间	天	9.34	—		
测试用例缺陷率	个/页	0.15	0.6～1.8	😞	略偏低

续表

基线名称	计量单位	平均值	业界CMMI 3级企业标杆数据	比较结果	
CRS需求文档缺陷率	个/页	0.27	0.6～2.8	☹	略偏低
SRS需求文档缺陷率	个/页	0.29	0.6～2.8	☹	略偏低
概要设计文档缺陷率	个/页	0.41	0.6～2.8	☹	略偏低

注: CRS表示客户需求规格, SRS表示软件需求规格。

PCM 4.1 对照提出的改进期望、业务目标, 或质量和过程性能目标, 采用统计和其他量化技术确认选中的性能改进

采用统计和量化手段来管理的改进目标则称为质量和过程性能目标（Quality and Process Performance Objective, QPPO）。

采用统计和其他量化技术判定过程性能的改变是显著的、大概率的, 可以从以下两个方面来判定。

（1）过程性能基线的变化:

性能数据分布位置的变化, 如均值;

性能数据离散程度的变化, 如标准差;

二者数据分布位置、离散程度同时变化。

（2）过程性能模型的变化:

对于线性回归方程而言, 可能是斜率的变化、截距的变化, 或者二者同时变化。

【案例】2015—2017年某企业年需求及时交付率数据箱线图对比（见图17-5）

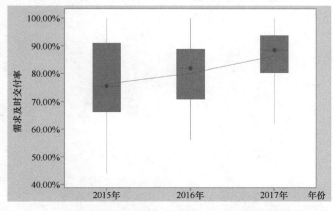

图17-5 2015—2017年某企业年需求及时交付率数据箱线图对比

17.4 小结

PCM 是围绕过程展开的持续改进，该实践域的实践都可以映射到 PDCA 循环的 4 个阶段，共 8 个活动，如图 17-6 所示。

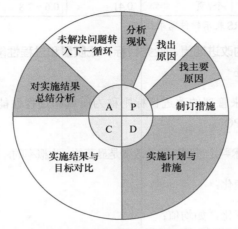

图 17-6 PDCA循环的4个阶段、8个活动

第 18 章

管理性能与度量（MPM）

18.1　概述

管理性能与度量（Managing Performance and Measurement，MPM）是 CMMI-DEV V2.0 中实践数量最多的一个实践域。它将组织级的、项目级的度量实践，以及统计的和非统计的量化管理实践都融合到了一个实践域中。它合并了 CMMI 1.3 中的 MA、QPM 等过程域的实践。

在此实践域的目的中特别强调了为业务目标而度量，在价值描述中强调了度量旨在帮助我们提高投资回报率。所有的度量活动都要紧密围绕业务目标，所有的度量活动都要有价值。要有度量目标，度量要能帮助解决实际问题。

在软件组织中，有太多误用度量的案例了，比如：

▶　有数据没分析；

▶　有分析没结论；

▶　有结论没行动；

▶　仅为考核而度量；

......

这些都会导致度量活动不能在组织中真正发挥价值。

本实践域在落地时，需要使用一些具体的量化技术。

▶　基本的量化技术：
　　–　饼图；
　　–　柱状图；
　　–　横条图；

　　－　折线图；

　　－　雷达图；

　　……

▶　统计技术：

　　－　回归分析；

　　－　方差分析；

　　－　假设检验；

　　－　箱线图；

　　－　蒙特卡洛模拟；

　　－　统计过程控制；

　　－　可靠性增长模型；

　　……

　　因此需要组织内进行这些量化管理技术的专题培训。本章给出的统计分析案例也需要具备一定的统计学知识才能理解。

18.2　实践列表

　　本实践域的实践列表参见表 18-1。

表 18-1　管理性能与度量（MPM）实践列表

实践域	实践编号	实践描述
MPM	1.1	采集度量数据，并记录性能
MPM	1.2	识别并处理性能问题
MPM	2.1	从选中的商业需求和目标中，推导并记录度量和性能目标，并保持更新
MPM	2.2	制订、使用度量元的操作定义并保持更新
MPM	2.3	依据操作定义获得指定的度量数据
MPM	2.4	依据操作定义分析性能和度量数据
MPM	2.5	依据操作定义存储度量数据、度量规格和分析结果
MPM	2.6	采取行动处理所识别的问题，以满足度量与性能目标
MPM	3.1	制订、使用可追溯到业务目标的组织级度量和性能目标并保持更新
MPM	3.2	遵从组织级的过程和标准，制订、使用度量元的操作定义并保持更新
MPM	3.3	制订、遵从数据质量过程并保持更新

续表

实践域	实践编号	实践描述
MPM	3.4	建立、使用组织级度量库并保持更新
MPM	3.5	使用度量与性能数据,分析组织级性能以确定性能改进需求
MPM	3.6	向组织周期性地沟通性能结果
MPM	4.1	使用统计和其他量化技术制订、沟通可以追溯到商业目标的质量和过程性能目标并保持更新
MPM	4.2	使用度量元和分析技术定量管理性能,以达成质量和过程性能目标
MPM	4.3	使用统计和其他量化技术建立过程性能基线并保持更新
MPM	4.4	使用统计和其他量化技术建立过程性能模型并保持更新
MPM	4.5	使用统计和其他量化技术确定或预测质量和过程性能目标的达成
MPM	5.1	使用统计和其他量化技术确保业务目标与商业战略和性能协调一致
MPM	5.2	使用统计和其他量化技术分析性能数据,以确定组织满足选中的业务目标的能力,并识别潜在的性能改进领域
MPM	5.3	基于对满足业务目标、质量目标和过程性能目标的改进建议的期望效果的统计和量化分析,选择和实施改进建议

18.3 实践点睛

MPM 1.1 采集度量数据并记录性能数据

度量数据是可以被记录、沟通和分析的定性的或定量的信息。可按下述步骤识别需要采集的数据。

▶ 首先要识别需要数据的角色,比如高层经理、部门经理、项目经理、测试人员等。

▶ 然后识别这些角色想通过数据解决哪些问题,比如项目经理要控制进度、节约成本,部门经理希望提高产品质量等。

▶ 最后根据这些问题识别需要采集的度量数据。

【案例】某企业采集管理层度量需求的实例(见图 18-1)

性能分为过程性能与业务性能。过程性能是对执行过程结果的度量,可以是表征过程的度量元,如工期、缺陷清除率等;也可以是表征过程输出物的度量元,如缺陷密度、用例密度等。过程性能是项目级的、任务级的,归集起来可以得到业务性能,业务性能是组织级的、业务级的。业务性能数据有客户满意度、销售额、利润等。这里说的归集不是单纯的累加，而表示综合作用。

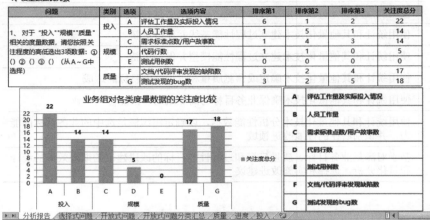

图18-1 某企业采集管理层度量需求的实例

从过程性能归集得到业务性能的方法如表18-2所示。

表18-2 从过程性能归集得到业务性能的方法

情形	过程性能	业务性能	归集方法
情形1：求平均	每个产品的缺陷逃逸率	整个公司的平均缺陷逃逸率	每个产品都有缺陷逃逸率，求出其总的平均值，得到整个公司的平均缺陷逃逸率
情形2：累加求比例	每个产品都有交付后的缺陷个数，都有内部发现的缺陷个数	整个公司的缺陷逃逸率	每个产品都有交付后的缺陷个数，都有内部发现的缺陷个数，分别累加，然后相除，得到整个公司的缺陷逃逸率
情形3：求比例	项目延期与否	整个公司的项目延期率	每个项目都延期或不延期，假设公司1年有200个项目，合计有50个项目延期，则整个公司的项目延期率是25%
情形4：直接累加	某个项目交付的需求规模	组织级交付的需求规模	把每个项目交付的需求规模累加起来得到组织级交付的需求规模
情形5：直接采集		组织级的客户满意度	组织级的客户满意度是针对所有的用户直接进行客户满意度调查得到的结果

在理解过程性能的概念时，需要注意以下 4 点。

▸ 过程是自己的过程，不是其他组织的过程。所以不能用业内的标杆数据作为自己组织的过程性能基线。

▸ 是过程的性能，不是人的性能，也不是业务性能，一定要可以具体到某个过程。

▸ 是历史的表现，是历史的结果，不是未来，不是期望，不是目标。

▸ 过程性能要定量描述，不能定性描述。

MPM 1.2　识别并处理性能问题

对采集的数据通过纵向对比分析与横向对比分析发现问题，并解决问题。

纵向对比分析是和历史、计划对比，横向对比分析是同一时刻、不同对象之间的对比。

【案例】纵向对比和横向对比（见图 18-2、图 18-3）

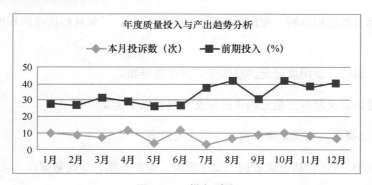

图 18-2　纵向对比

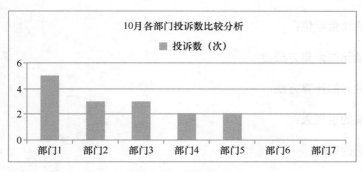

图 18-3　横向对比

MPM 2.1 从选中的商业需求和目标中，推导并记录度量和性能目标，并保持更新

客户的商务合同或者项目立项时的任务书中定义对项目的商业需求和目标，基于这些要求向下细化分解，可以派生出项目的度量和性能目标，进而可以识别度量元。

度量和性能目标可以是满足工期、预算和质量的内外部承诺，提升客户的满意度，减少返工等。

在本实践域中提到了 3 种类型的目标。

▶ 业务目标（Business Objective，BO）：这是组织的高层定义的宏观的总体目标，是由整个组织或某个部门、某个单元来达成的目标。

▶ 度量和性能目标（Measurement and Performance Objective，MPO)：此类目标可以定量，也可以定性，但是一定要有定量的，MPO 是非高成熟度的实践中使用的术语。

▶ 质量和过程性能目标（Quality and Process Performance Objective，QPPO）：一定是定量的、统计管理的目标，是高成熟度的实践中使用的术语。

各类目标都可以层层分解，度量元帮助我们刻画目标、了解目标达成的程度、识别影响目标达成的因子。

MPM 2.2 制订、使用度量元的操作定义并保持更新

度量元的操作定义即对度量元的详细定义，包括以下定义。

▶ 度量元的类型，包括基本度量元、派生度量元；

▶ 度量元的刻度，包括定类数据、定序数据、定距数据、定比数据；

▶ 度量元的含义；

▶ 度量元的计量单位；

▶ 基本度量元的采集方法；

▶ 派生度量元的计算方法；

▶ 数据采集的责任人；

▶ 数据采集的时机；

▶ 数据校验的方法；

▶ 数据存储的位置；

▶ 数据展示的方法；

▶ 数据分析、判断异常的规则；

▶ 数据分析周期；

▶ 数据存取权限分配；

……

操作性定义的目的是确保大家对度量元理解一致，确保度量数据可反复地精确采集。

MPM 2.3 依据操作定义获得指定的度量数据

采集数据以及校验数据。尽量降低人对数据采集的影响，能利用工具的就利用工具，能配置为模板的就配置为模板。

【案例】某企业利用 Jira 工具配置的数据采集规则表（见图 18-4）

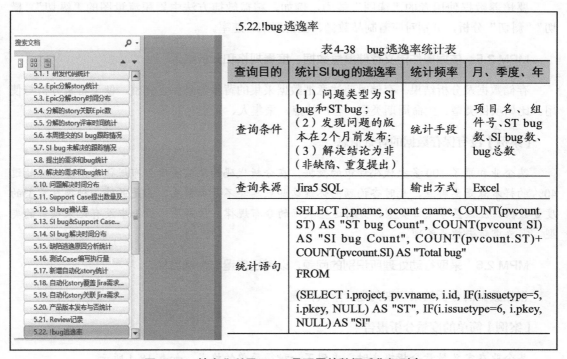

图 18-4 某企业利用 Jira 工具配置的数据采集规则表

MPM 2.4 依据操作定义分析性能和度量数据

对度量数据进行分析时，通常可以采用 7 种图形，如表 18-3 所示。

表 18-3 度量数据分析图形与适用场景

图形	成分	类别对比	时间序列	频率分布	相关性	多系列	多指标
饼图	✓						
条形图		✓			✓		
柱状图			✓	✓			
线性图			✓	✓			
散点图					✓		
箱线图						✓	
雷达图							✓

要注意对数据的分析不仅是堆砌数字和图形，还要给出判断（比如，是否正常、哪里有问题）或结论（比如，通过 / 不通过、是否要二次评审或测试）。

要培养数据使用者的"读图"能力，例如，精益敏捷方法中累积流量图的"纵切""横切""斜切"分析，分别对应着制品数量、驻留周期、速率。

MPM 2.5 依据操作定义存储度量数据、度量规格和分析结果

存储数据及分析结果。存储时要注意把数据采集的背景信息保存完整，便于将来分析与使用。比如项目类型、生命周期类型、客户特点、采集人、采集时间等。

【案例】没有保存数据的背景信息

某企业积累了 100 多次代码评审的数据，在分析代码的缺陷密度分布规律时，发现有超过 40% 的样本点是离群点，此时咨询顾问怀疑这些点其实不是离群点，而是另外一种项目类型的度量数据，应该区分项目类型，分析这些数据的分布规律。但是原始数据中没有记录项目的类型，需要重新去搜集整理。

MPM 2.6 采取行动处理所识别的问题，以满足度量与性能目标

根据数据的分析结果识别问题、解决问题。

【案例】简单的度量分析报告

某企业在定义数量分析报告时，采用了一种很简单的格式，如表 18-4 所示。

表18-4 简单的度量分析报告

指示器	识别的异常	原因分析	建议的措施	措施效果跟踪
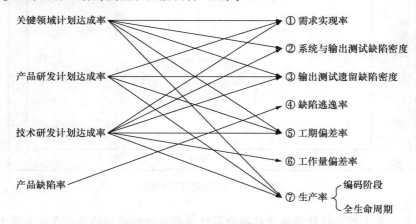	第3周的工期偏差率超过了上限	在开发过程中遇到一个技术障碍，多次尝试后才解决，耽误了项目工期	对于新人负责的算法，在动手编程之前进行结对设计评审	每天坚持了结对设计评审，在后续几周中没有再出现技术障碍导致的延期

MPM 3.1 制订、使用可追溯到业务目标的组织级度量和性能目标并保持更新

MPM 2.1 实践定义的是项目级的度量和性能目标，本实践是对组织级的商业目标进行层层分解细化，得到组织级的度量和性能目标。

【案例】业务目标分解为度量和性能目标（见图 18-5）

图 18-5 业务目标分解为度量和性能目标

MPM 3.2 遵从组织级的过程和标准，制订、使用度量元的操作定义并保持更新

组织级统一定义度量元，所有的项目组按照统一的定义采集数据，这样才能进行组织级的统一数据分析。度量元的详细定义参见 MPM 2.2。

MPM 3.3 制订、遵从数据质量过程并保持更新

通过各种方式确保数据的正确性和完整性。比如：

> ▷ 在数据收集过程中引入数据校验步骤；

> ▷ 尽量使用工具替代人工录入，将数据汇总和计算过程自动化；

> ▷ 数据入库时进行完整性检查；

> ▷ 分析数据前进行肉眼检查，找出不合理的数据（极值、超范围值、零值等）；

> ▷ 利用统计技术侦测数据中的异常值。

应调查数据质量问题背后的原因，并采取措施。

【案例】利用统计技术检查数据中的异常值（见图 18-6）

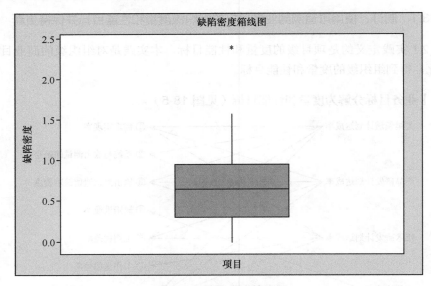

图 18-6　缺陷密度箱线图

图 18-6 是对多个项目的缺陷密度数据画箱线图来自动标识出的离群点，如图 18-6 的 * 号位置，意味着该项目的缺陷密度远高于其他项目，是异常点。

图 18-7 对多个项目的工作量和技术经验画散点图，图中右上角的点是离群点，意味着这个项目技术经验最多，却花费了最多的工作量，是异常点。

注意

异常点不一定是数据质量问题，所以要针对具体情况调查原因。

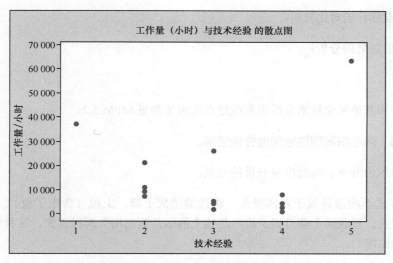

图18-7　工作量和技术经验散点图

MPM 3.4　建立、使用组织级度量库并保持更新

组织级建立度量库，以便为组织的决策提供客观依据，也便于项目参考并进行估算。度量库一般包含以下内容。

▶　历史项目度量数据的原始记录。

▶　每个项目的背景信息或项目特征，包括但不限于：
　　–　项目类型；
　　–　规模；
　　–　生命周期模型；
　　–　技术平台；
　　–　人员背景；
　　–　影响到性能的项目过程裁剪。

▶　组织级度量元定义，以便理解和解读度量数据。

▶　组织级性能分析报告

MPM 3.5　使用度量与性能数据，分析组织级性能以确定性能改进需求

组织级通过定量数据识别改进点，包括但不限于：

▶　对度量和性能目标达成的分析；

▶ 与行业标杆的对比分析；

▶ 对历史趋势的分析；

......

使用统计和其他量化技术分析识别改进点的例子参见 MPM 5.2。

MPM 3.6 向组织周期性地沟通性能结果。

定期在组织内分享、沟通度量分析的结果。

沟通的方式不应该局限于发送报告，将性能结果上墙、上板（含电子板）、上报（海报）都是可用的方式。互联网企业习惯于将产品线上的运营数据用大屏投出来，这种效果往往是书面的报告无法比拟的。

MPM 4.1 使用统计和其他量化技术制订、沟通可以追溯到业务目标的质量和过程性能目标并保持更新

从业务目标识别出质量和过程性能目标，然后从质量和过程性能目标识别出影响目标达成的影响因子，最常用的办法就是画因果图，如下面的案例所示。

【案例】基于目标识别度量元（见图 18-8）

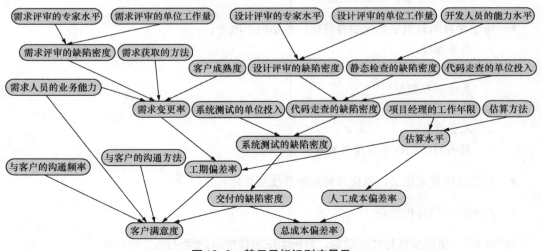

图18-8 基于目标识别度量元

从图 18-8 中识别的度量元可以分为以下 3 种类型：

▶ 过程 / 子过程的输出，例如代码走查的缺陷密度；

▶ 过程/子过程的输入，例如系统测试的单位投入；

▶ 过程/子过程的属性，例如估算方法。

质量与过程性能目标是定量的，而且要满足 SMART 原则。

▶ S：specific，明确的，文档化的，可以详细描述的，可以细分的。

▶ M：measurable，量化的，定量表达的。

▶ A：attainable，可实现的，可行的，具有比较高的达成概率的。

▶ R：relative，有关的，相关的，来自于业务目标的；有源头的，有存在价值的。

▶ T：time-bounded，有时间限制的。

可以通过过程性能基线、过程性能模型、模拟等方法与历史的性能进行比较，判断目标达成的概率，确保目标是可行的。

【案例】某公司 2019 年度质量和过程性能目标（见表 18-5）

表 18-5 某公司 2019 年度质量和过程性能目标

目标描述	优先级	下限	中心线	上限
客户满意度不低于 85 分	高	85	—	100
项目总体进度偏差的离散程度比去年减少 10%	中	−21.7%	0%	12.5%
验收测试缺陷率均值比去年降低 5%	中	0.03	0.08	0.12
编码生产率均值比去年提高 10%	低	0	269.2	456.3

本实践包含了识别组织级的目标，也包含了基于组织级的目标识别项目级的质量与过程性能目标。组织级目标与项目级目标之间的关系如图 18-9 所示。

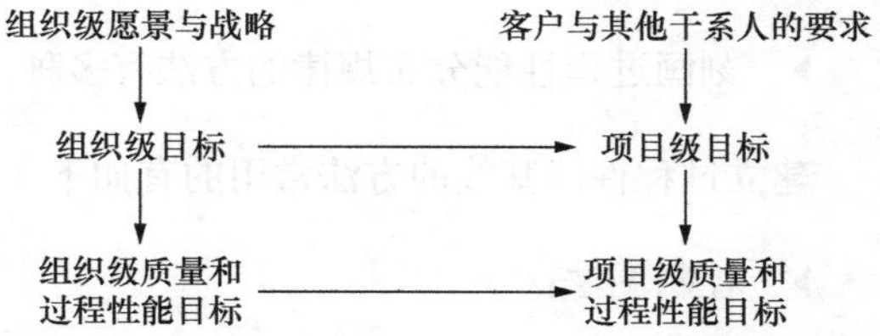

MPM 4.2　使用度量元和分析技术定量管理性能，以达成质量和过程性能目标

选择有助于达成目标的度量元进行定量管理，这些度量元可以是目标本身，这是需要监督的过程输出（y）；还要管理影响目标达成的因子（x），x 影响了 y。参见在 MPM 4.1 中所建议的因果图来识别各个层次的 y 与 x。

在实践中常用的定量分析技术有：

图 18-9　组织级目标与项目级目标之间的关系

- ▶ 控制图；

- ▶ 回归分析；

- ▶ 蒙特卡洛模拟；

- ▶ 假设检验；

- ▶ 散点图；

- ▶ 柱状图；

- ▶ 箱线图；

- ▶ 二八分析；

- ▶ 折线图；

- ▶ 雷达图；

……

MPM 4.3　使用统计和其他量化技术建立和过程性能基线并保持更新

过程性能基线（PPB）描述了过程性能的分布规律，包括数据分布的形状（正态分布或非正态分布等）、集中趋势（如均值、中位数等）与离散程度（如标准差、四分位差等）。过程性能基线有几层含义。

- ▶ 一定是执行本组织的过程的结果的度量，不能是业内的标杆数据。

- ▶ 过程性能基线是一个区间，不是单点值，包含了数据分布的位置与离散程度，平均值不能独立代表过程性能基线。

- ▶ 刻画过程性能分布规律的方法有多种，不限定于某一种方法。

建立过程性能基线的方法常用的有如下 3 种：

- ▶ 控制图法；

- ▶ 箱线图法；

- ▶ 置信区间法。

建立过程性能基线时，要注意进行分类，不同特征的项目、过程建立不同的过程性能基线。可以借助箱线图、方差分析来识别是否需要分类的现象。

【案例】是否要分类建立过程性能基线

某公司有 3 个产品线，拟对一次测试通过率建立过程性能基线，对历史数据画箱线图与做单因子方差分析的结果如图 18-10 和图 18-11 所示。

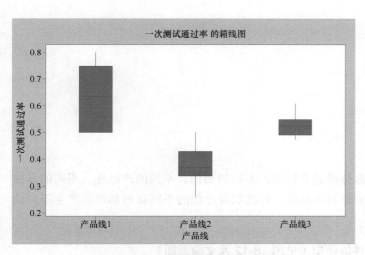

单因子方差分析: 一次测试通过率 与 产品线

方法

原假设　　所有均值都相等
备择假设　至少有一个均值不同
显著性水平　α = 0.05

已针对此分析假定了相等方差。

因子信息

因子　　水平数　值
产品线　　3　　产品线1, 产品线2, 产品线3

方差分析

来源	自由度	Adj SS	Adj MS	F 值	P 值
产品线	2	0.3641	0.182051	26.37	0.000
误差	33	0.2278	0.006903		
合计	35	0.5919			

模型汇总

S	R-sq	R-sq（调整）	R-sq(预测)
0.0830853	61.51%	59.18%	54.20%

均值

产品线	N	均值	标准差	95% 置信区间
产品线1	12	0.6250	0.1209	(0.5762, 0.6738)
产品线2	12	0.3801	0.0658	(0.3313, 0.4289)
产品线3	12	0.5254	0.0419	(0.4766, 0.5742)

合并标准差 = 0.0830853

图 18-10　一次测试通过率的箱线图　　　　图 18-11　单因子方差分析：
　　　　　　　　　　　　　　　　　　　　　　　　一次测试通过率与产品线

从图 18-10 的分组箱线图和图 18-11 的单因子方差分析都可知，一次测试通过率在各个产品线的水平是有显著差别的，因此对各个产品线分别建立了基线，如表 18-6 所示。

表 18-6　分类建立过程性能基线

度量元名称	适用范围	样本点个数	数据形状	基线建立方法	上限	中心线	下限
需求测试一次通过率	产品线 1	12	非正态	箱线图	97.25%	63.50%	23%
	产品线 2	12	正态	控制图	56.90%	38.01%	19.12%
	产品线 3	12	正态	控制图	64.08%	52.54%	41.00%

MPM 4.4　使用统计和其他量化技术建立过程性能模型并保持更新

过程性能模型描述了过程性能与影响因子之间的因果规律，可以通过回归方程、模拟等方法刻画这种因果规律。过程性能模型有以下几层含义。

▶ 过程性能模型是执行本组织过程的因果规律，不能是业内的其他组织的模型。

▶ 过程性能模型的影响因子中一定要有可控因子，所谓可控因子一定是可以根据需要改变调整的因子。

▶ 过程性能模型的输出结果是一个区间或概率分布，不是一个单点值，过程性能模型不是确定性的函数关系。

在实践中，建立过程性能模型常用的方法有如下几种：

▶ 回归方程；

▶ 方差分析；

▶ 逻辑回归；

▶ 蒙特卡洛模拟；

▶ 贝叶斯概率模型。

建立过程性能模型时也要注意分类建立模型，不同的部门、不同的产品线、不同的开发平台、不同类型的项目、不同的生命周期模型、对组织级过程的不同裁剪都可能产生不同的因果规律。

【案例】回归分析建立的过程性能模型（见图 18-12 及文前彩插）

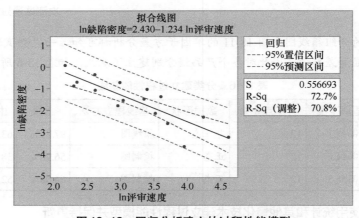

图 18-12　回归分析建立的过程性能模型

MPM 4.5　使用统计和其他量化技术确定或预测质量和过程性能目标的达成

预测目标达成概率的方法有以下几种。

▶ 利用回归方程执行 what-if 分析，得到过程性能的预测区间，使其有比较高的目标达成概率。

▶ 通过性能基线预测目标达成的概率。

▶ 通过蒙特卡洛模拟预测目标达成的概率。

在项目或任务执行过程中管理目标达成的方法有以下几种：

▶ 通过控制图或目标的实际值是否落在预测区间内，识别造成离群点的特殊原因；

▶ 通过计算过程能力指数判断过程能力是否需要提升；

▶ 通过 what-if 分析可以改变可控因子的数值，以提高达成目标的概率；

▶ 分析识别异常的原因、能力不足的原因、目标不能达成的原因。

【案例】通过回归方程得到预测区间（见图 18-13）

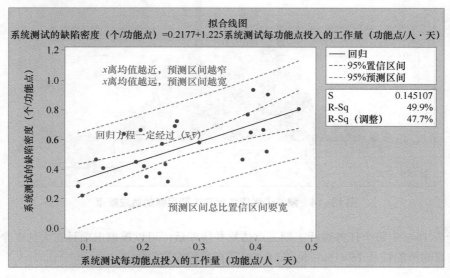

图 18-13　通过回归方程得到预测区间

对于每个测试投入（方程的 x）来说，预测出的 ln 缺陷密度（方程的 y）都是一个范围（见文前彩插）。反过来，如果希望 y 处于某一目标范围，可以反推出 x 所需的范围，这个过程就是 what-if 分析。

【案例】蒙特卡洛模拟预测工期目标的达成概率（见表 18-7、图 18-14）

表 18-7　蒙特卡洛模拟预测工期目标的达成概率

序号	任务	前项任务	乐观估计工期（天）	最可能工期（天）	悲观估计工期（天）
A	开发平台采购		21	21	21
B	需求调研与分析		20	25	30
C	软件设计	B	15	20	30
D	开发及开发测试	A、C	20	28	42
E	集成并调试生产环境	D	40	48	66
F	设计测试用例	C	12	12	12
G	模拟环境测试	F	20	25	32
H	压力测试	F	28	28	28
I	生产环境部署并上线	E、G、H	10	15	24

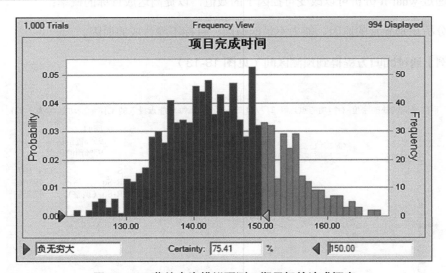

图 18-14　蒙特卡洛模拟预测工期目标的达成概率

对于表 18-7 中每个任务进行工期三点估算并排序后，可以模拟出项目在大约 5 个月（150 天）内完成的可能性是 75.41%（见图 18-14），存在较大的风险。

【案例】控制图识别过程中的异常点（见图 18-15）

图 18-15 是对每周发布的产品版本质量的监控，红色两条平行线是各版本质量波动的上下控制限（见文前彩插），最后一周的缺陷密度超出上限，是异常情况。

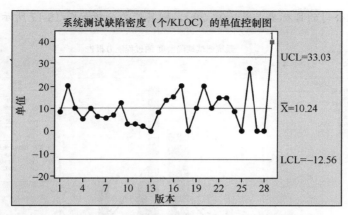

图 18-15   系统测试缺陷密度的单值控制图

MPM 5.1   使用统计和其他量化技术确保业务目标与商业战略和性能协调一致

组织的业务目标需要随着组织级商业战略的调整而调整。定义了业务目标后，根据业务目标定义或调整质量与过程性能目标，并基于历史的过程性能基线与模型，分析目标达成的概率，如果概率较低，要么调整目标，要么做根因分析，识别提升目标达成概率的措施。

在目标实现过程中，也要定期分析当前的性能水平，并与质量和过程性能目标相比较，出现较大偏差时要么调整目标，使其更切合实际；要么识别改进点以提升当前性能，使其未来满足业务目标的需求。

【案例】使用过程性能基线判断目标达成概率

某公司收集了若干项目的系统测试缺陷密度数据，使用单值控制图得到其过程性能基线，如图 18-16 所示。

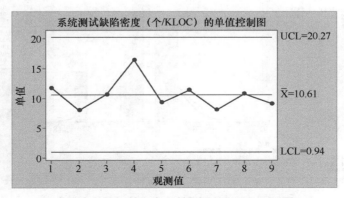

图 18-16   某公司系统测试缺陷密度的单值控制图

情形 1：如果公司的目标要求是（0，20），则其能力分析如图 18-17 所示。

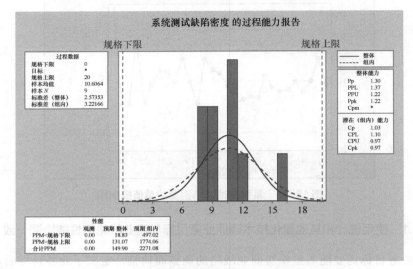

图 18-17　某公司系统测试缺陷密度的过程能力报告

从图 18-17 可以看出绝大部分项目结果都在规格限（公司目标）之内，可以换算出达成目标的概率为 99.77%。

情形 2：如果公司的目标要求提升为（0，10），则其能力分析如图 18-18 所示。

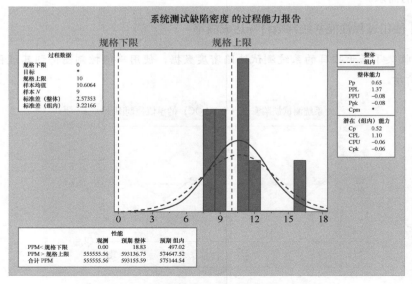

图 18-18　系统测试缺陷密度的过程能力报告

从图 18-18 可以看出有大约一半的项目结果都在规格限（公司目标）之外，可以换算出达成目标的概率为 42.45%。此时要么需要修改目标，要么需要根因分析，识别改进措施。

MPM 5.2 使用统计和其他量化技术分析性能数据，以确定组织满足选中的业务目标的能力，并识别潜在的性能改进领域

使用统计技术对比实际性能与目标的差距，以识别应对哪个目标进行改进，找到组织的短板，确保不做无用功，少做无用功，精准定位问题。比如：

▶ 通过对比过程性能基线与 QPPO，计算过程能力指数，当过程能力指数 <1 时，需要对该目标的达成进行改进；

▶ 通过过程性能模型或蒙特卡洛模拟等统计技术计算目标达成的概率，如果概率比较低，则需要进行改进；

▶ 将目标的实际值与期望值相比，当发现目标没有达成时，则需要进行改进。

此处所提到的改进领域不是具体的改进措施，而仅仅是识别改进的方向，如：

▶ 优化过程；

▶ 提升人员能力；

▶ 加强供应商的管理；

▶ 优化人员结构；

▶ 导入新技术等；

……

【案例】使用回归方程识别改进领域

某公司基于历史的度量数据建立了工作量与规模之间的回归方程，如图 18-19 所示。

在该线性回归方程中，228.2 代表了固定成本，10.40 代表了变动成本，固定成本 228.2 人·天意味着一旦某项目立项开工，就会发生至少 228.2 人·天的工作量，对于企业来讲，项目的固定成本较大，说明需要寻求措施降低管理成本了。

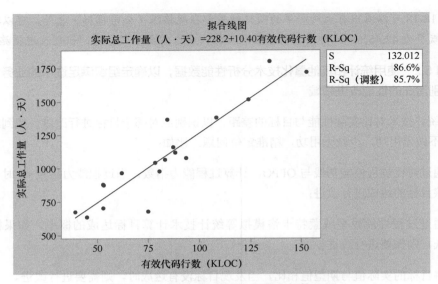

图18-19 某公司工作量与规模之间的关系

MPM 5.3 基于对满足业务目标、质量目标和过程性能目标的改进建议的期望效果的统计和量化分析，选择和实施改进建议

通过统计技术对改进建议进行定量分析，选择投入产出比最高的改进措施。

▸ 可以用建立的性能模型进行 what-if 分析，预测改进建议的效果；

▸ 可以通过模拟来预测改进建议的效果；

▸ 可以对试点后的效果进行假设检验，判断效果的有效性；

▸ 可以进行投入产出的分析，确定是否实施某项改进建议；

......

本实践是在 MPM 5.2 的基础上针对待改进的领域识别并落实具体的改进措施和改进建议。比如识别的改进领域为优化人员结构，则具体的改进建议为：

▸ 每个项目组开发人员与测试人员的数量比例不要高于 4∶1；

▸ 5 年以上与 5 年以下员工数量的比例不要低于 1∶2；

......

【案例】对改进前、改进后的数据进行假设检验，判断改进效果是否显著（见图 18-20、图 18-21）

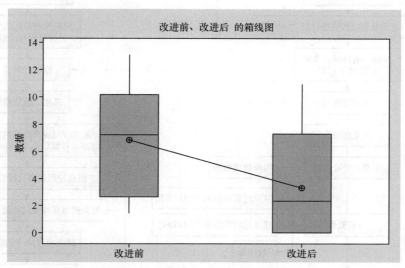

图 18-20 改进前、改进后的箱线图

双样本 T 检验和置信区间：改进前、改进后

改进前 与 改进后 的双样本 T 检验

	N	均值	标准差	均值标准误
改进前	14	6.88	4.05	1.1
改进后	16	3.36	3.75	0.94

差值 = mu（改进前）- mu（改进后）
差值估计值：3.52
差值的 95% 置信区间：（0.58, 6.46）
差值 = 0（与 ≠）的 T 检验：T 值 = 2.46 P 值 = 0.021 自由度 = 26

图 18-21 改进前、改进后的双样本 T 检验

从图 18-20 的箱线图和图 18-21 的双样本 T 检验和分组可以看到，改进后的均值比改进前的均值明显降低，改进效果显著，因此，此改进点值得推广。

18.4 小结

MPM 中包含了组织级与项目级的实践，在一定程度上增加了学习和理解的难度，可以参考图 18-22 进行理解，并将组织级定量管理的实践关联到项目级定量管理的实践中。

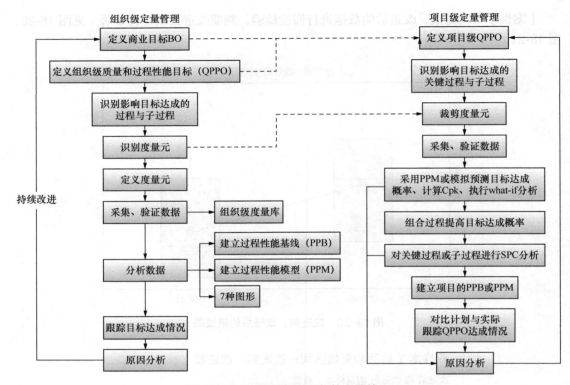

图 18-22　组织级与项目级的定量管理

第 19 章

供应商协议管理 (SAM)

19.1 概述

供应商协议管理（Supplier Agreement Management，SAM）是所有实践域中唯一一个在评估时可以排除在外的实践域。常见的排除理由有：

▶ 不存在外包或采购的行为；

▶ 外包或采购是由被评估范围外其他的部门执行并管理的；

▶ 纯人力资源外包。

如果有外包或采购产品或服务的行为，则可以参考 SAM 这个实践域的实践进行管理。

相比于 CMMI 1.3，SAM 这个实践域变化较大，主要体现为以下 3 点。

▶ 将供货类型及供应商选择的实践归集到了供应商来源选择（Suppiler Source Selection，SSS）实践域中。SSS 实践域没有包含在 CMMI-DEV 视图中，但选对供应商可能比协议本身更重要，所以在实际改进工作中不应被忽视。

▶ 增加了供应商发票管理的实践。从商务的角度来说是有必要的；但从研发的角度来说意义不大。

▶ 细化了对供应商的监督，增加了量化统计监督的实践。这算一个进步，在后文的实践描述中继续解释。

19.2 实践列表

本实践域的实践列表参见表 19-1。

表 19-1　供应商协议管理（SAM）实践列表

实践域	实践编号	实践描述
SAM	1.1	制订并文档化供应商协议
SAM	1.2	接受或拒绝供应商交付物
SAM	1.3	处理供应商发票
SAM	2.1	按照供应商协议监督供应商并保持协议更新
SAM	2.2	执行供应商协议中的活动
SAM	2.3	在接收供应商的交付物之前，验证是否满足了供应商协议
SAM	2.4	基于供应商协议管理供应商提供的发票
SAM	3.1	选择供应商的技术类交付物进行分析并执行技术评审
SAM	3.2	基于供应商协议中的准则选择并监督供应商的过程和交付物
SAM	4.1	选择度量元并应用分析技术来定量管理供应商的性能以达成质量与过程性能目标

19.3　实践点睛

SAM 1.1　制订并文档化供应商协议

和供应商要签订协议，协议必须书面化。协议可以包含多种形式，比如正式的合同、授权书、服务等级定义、备忘录、工作说明书等。

协议常见的内容包括：

（1）标的及工作内容（供应商工作明细表，覆盖项目需求的内容）；

（2）术语（合同中涉及的容易产生误解的术语说明）；

（3）限制条件（交付、需求、进度、预算、实现的标准、设施、遵循的标准）；

（4）交付清单（与项目的交付的关系，如产品基线）；

（5）进度表（与项目进度表的融合关系，如里程碑、依赖因素、环境、测试等）；

（6）付款进度，预算（与项目计划中总预算的关系）；

（7）验收准则（与项目验证和确认活动的关系）；

（8）双方的职责和权限（变更、批准变更等）；

（9）知识产权归属和保密协议；

（10）违约责任；

（11）纠纷处理途径；

（12）协议签署地和签署日期；

（13）附件。

SAM 1.2　接受或拒绝供应商交付物

符合要求则接受，否则拒绝交付物。所以在 1 级实践组中对供应商的管理是黑盒管理，只关注了交付物，没有关注供货过程。

SAM 1.3　处理供应商发票

供应商提供发票，客户方核对发票信息、付款、记录应付账款、与供应商对账。

SAM 2.1　按照供应商协议监督供应商并保持协议更新

与供应商对协议达成一致的理解，签署协议，当需求或外部场景发生变更时更新协议。

对供应商的监督本质上还是人和人之间的沟通，所以可以定义一些沟通的原则，例如：

▶ 定义双方的沟通接口人，数量要少；

▶ 定义双方沟通的方式、频度、要求；

▶ 过程和结果都要沟通；

▶ "报忧"要尽早；

▶ "小事"也沟通；

▶ 沟通事项要整理清楚、分清轻重缓急；

▶ 背景信息要说明清楚；

▶ 重要事项要获得二次确认。

SAM 2.2　执行供应商协议中的活动

供方、需方都要履行在协议中定义的义务。双方开展评审活动，确保都按协议执行了。解决执行过程中出现的问题，也有可能修改协议。

SAM 2.3 在接收供应商的交付物之前，验证是否满足了供应商协议

验收标准一定要事前明确（例如在合同中定义）。

验收之前检查数量、质量、工期是否符合供应商协议中定义的验收标准。

接收的交付物不同，其验收的方式也不相同，例如：

▶ 硬件类——外包装检查、开箱检查、加电测试、联网测试；

▶ 软件类——测试功能和性能、检查手册、集成联调、试运行。

要记录验收中发现的问题，评价验收结果，跟踪问题直到解决。

【案例】某企业供应商的验收过程

（1）验收申请；

（2）内部验收；

（3）初验：

    – 评审；

    – 自测；

    – 抽测。

（4）终验：

    – 成果审查；

    – 验收测试。

（5）验收问题处理；

（6）验收总结。

验收过程中也需要关注交付物的易维护性，例如可以对验收的代码进行代码扫描，将诸如坏味道的数量、重复率的高低、圈复杂度的大小等作为验收标准之一，也可以基于上述信息设计代码易维护性的综合评分。

SAM 2.4 基于供应商协议管理供应商提供的发票

在开发票之前应确保满足了供应商协议中定义的支付条款，检查付款的证据是否齐备。

要核对发票信息与金额。到达付款时间且满足付款条件后应及时付款。信息不对的发票，需要重新开具。

供方收到账款之后，采购方核销应付账款，有可能一张发票对应了多次付款。

SAM 3.1　选择供应商的技术类交付物进行分析并执行技术评审

该实践主要集中于技术性的活动，双方应该在协议中规定对哪些交付物进行技术评审。

供应商的某些中间技术文档需要进行评审。比如供应商做了需求开发，需求的规格就需要双方一起认可。

供应商的最终技术交付物也需要进行评审。比如供应商开发了某些软件构件，需要和采购方自己开发的系统进行联调，接口部分就需要进行评审。

可以将供应商内部评审及甲方外部评审的结果数据进行比对分析，例如在不少外包企业中要求，对同样的成果物，如果甲方评审发现的问题多于乙方，则乙方必须进行分析和说明。

此外，也有很多甲方编写需求，供应商进行后继设计和开发的情况，此时确保供应商真正理解了甲方的需求对于后继技术工作也是至关重要的，可考虑以下方式：

▶　正向灌输；

▶　逆向反讲；

▶　对照检查单确认；

▶　评审测试用例；

▶　增加中间交付环节；

▶　收集度量数据并进行分析，例如需求澄清问题提出人次、反讲通过率等。

【案例】某企业用于评价供应商对其需求理解程度的检查单（见表 19-2）

表 19-2　某企业用于评价供应商对其需求理解程度的检查单

检查要点	编号	检查问题描述
1. 整体	1.1	是否理解需求文档的基本内容
	1.2	是否知道和自己的任务相关的文档

续表

检查要点	编号	检查问题描述
2. 系统的理解	2.1	是否理解系统的主业务流程，包括业务操作的对象、流程、关键的数据等业务流程资料
	2.2	是否理解系统概要，理解和自己相关的任务在系统中的位置
	2.3	各模块有无设定优先级，是否理解重点/核心模块，各子系统担当有无充分交流
	2.4	是否理解系统意外处理的原则
3. 画面理解	3.1	是否理解系统画面的风格，包括字体、大小、颜色、对齐的方式等
	3.2	是否理解画面由哪几部分功能组成
	3.3	是否理解画面中的每一个功能对象（如按钮、组合框、列表、菜单、快捷键、滚动条等）的功能，每一个功能对象相关的事件及功能；对于输入域，各输入域有无限制（长度、最大值、最小值、类型、缺省值等），交互消息如何处理等
	3.4	画面中的信息是否可持续化保存（数据库、文件等）、有无对应表、是否有遗漏、理解上是否存在二义性
	3.5	是否理解画面与画面之间的关系，特别是动态关系，关联的条件是什么
4. 业务功能理解	4.1	是否理解业务的输入/输出（包括输入/输出的条件、格式等）
	4.2	是否理解业务模块的流程：分为几个步骤、各步骤的功能如何、表达是否清楚、有无二义性
	4.3	是否理解相关的业务模块同本模块的关系
	4.4	是否理解模块中的业务有多少、有无分类/归纳整理
	4.5	是否理解对管理信息系统，重要的事务有哪些
	4.6	是否理解对数据库的修正/删除的业务（包括各关联表、操作等的影响）
	4.7	是否已经确定业务中的不稳定因素（如变更、低效率、不合理等）

【案例】需求理解评价数据分析（见表 19-3）

表 19-3　需求理解评价数据分析

监控范围	要点	功能1	功能2	功能3	功能4	功能5
式样理解效率（页/人·天）	模块					
	功能编号					

续表

监控范围		要点	功能1	功能2	功能3	功能4	功能5
上限		功能名称					
中心线		模块作者					
下限		式样理解人					
式样理解问题提出率（个/页）		规模（页/画面）					
		式样理解工作量（人·天）					
上限		式样理解提出问题个数（个）					
中心线		考察式样理解人员时提问的问题个数（个）					
下限		式样理解人员对提问的问题错误解答的个数（个）					
式样理解解答错误率（%）		式样理解效率（页/人·天）					
		式样理解问题提出率（个/页）					
上限		式样理解解答错误率（%）					
中心线		原因					
下限		措施					

SAM 3.2 基于供应商协议中的准则选择并监督供应商的过程和交付物

过程的质量决定了交付物的质量，所以除了监督交付物以外，也需要对供应商的过程进行监督，监督哪些过程和交付物，需要双方在协议中达成一致并形成准则。

【案例】供应商监督的软硬兼施

▶ 硬指标

    – 建立最低标准（中间及最终产品的质量目标）：

        • 代码走查缺陷率；

        • 单元测试覆盖率；

        • 集成测试覆盖率。

    – 定义阶段的关键输出（设计、代码、测试用例、评审报告）。

▶ 软措施

    – 定期汇报（指标偏差、原因分析、质量报告）；

- 迭代式开发模式（分批交付、分批验证）；
- 质量抽检；
- 现场评估。

SAM 4.1　选择度量元并应用分析技术来定量管理供应商的性能以达成质量与过程性能目标

为供应商定义定量的目标，并采用统计技术对其进行定量管理，比如：

▶　对供应过程进行统计过程控制；

▶　对供应商的历史性能建立过程性能基线或性能模型；

▶　对供应过程进行模拟；

……

【案例】不同供应商的开发效率不同

某企业有多家软件供应商，该企业在导入了通用软件度量国际联盟（COmmon Software Measurement International concortium，COSMIC）规模度量方法后，对 3 家不同供应商的开发效率进行了回归分析，如图 19-1 所示（见文前彩插）。通过该散点图可以发现，3 家供应商在同等开发规模时的开发成本是不相同的。

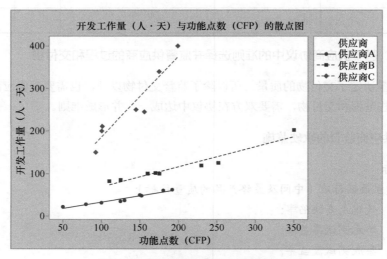

图 19-1　不同供应商的开发效率不同

以往在给某客户提供咨询服务时，我曾经与客户讨论对他们的外包项目的定量管理，针对他们公司的情况梳理了图 19-2 所示的重点，供大家参考。

【案例】软件外包项目的定量管理重点（见图 19-2）

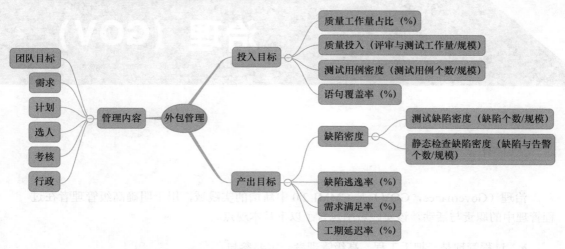

图 19-2　软件外包项目的定量管理重点

19.4　小结

将 SAM 的实践，结合外包行业供应商管理的最佳实践，总结了供应商管理的全景图，以便更加系统、全面地提升供应商管理的能力，如图 19-3 所示。

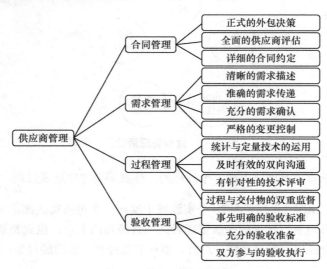

图 19-3　供应商管理全景图

第 20 章

治理（GOV）

20.1 概述

治理（Governance，GOV）是 CMMI 2.0 中新增的实践域，用于明确高级管理者在过程管理中的职责与活动，该实践域中包含了以下基本观点。

▶ 过程管理是一把手工程，高级管理者一定要参与。

▶ 过程实现了目标，过程管理要聚焦于组织的目标。

▶ 过程是人执行的，要培养人的能力，对人员进行奖惩。

过程管理包含的活动如图 20-1 所示。

图20-1 过程管理活动

高级管理者的职责就是围绕上述 5 个过程的。注意不要忽略度量过程。

GOV 是 CMMI-DEV 2.0 模型的 20 个实践域中唯一一个每条实践都定义了主语的实践域，主语就是高级管理者。这里的高级管理者是项目经理的上司，也就是掌握了资源的管理者，比如公司的总经理、副总经理、总监、事业部总经理、部门经理等。

本实践域定义了高级管理者与过程管理有关的事情，没有定义技术的、市场的活动，比如如何提升公司的技术水平，如何提高公司的销售额等职责不在本实践域的范围内，本实践域是过程管理的治理。

20.2 实践列表

本实践域的实践列表参见表 20-1。

表20-1 治理（GOV）实践列表

实践域	实践编号	实践描述
GOV	1.1	高级管理者识别开展工作的要点，并定义实现组织目标的方法
GOV	2.1	基于组织的需求和目标，高级管理者定义、沟通过程实施和改进的组织级方针并保持更新
GOV	2.2	高级管理者确保提供了资源和培训，用于制订、支持、实施、改进过程并评价与预期过程的符合性
GOV	2.3	高级管理者识别他们的信息需求，并使用采集的信息来治理和监督过程实施和改进的有效性
GOV	2.4	高级管理者督促员工遵守组织方针并达成过程实施和改进的目标
GOV	3.1	高级管理者确保已收集、分析、使用了可支持组织目标达成的度量数据
GOV	3.2	高级管理者确保人员能力和过程与组织的目标保持一致
GOV	4.1	高级管理者确保选中的决策是以统计分析及其他与性能、质量和过程性能目标的达成相关的量化分析来驱动的

20.3 实践点睛

GOV 1.1 高级管理者识别开展工作的要点，并定义实现组织目标的方法

我们往往忽略了每个实践域的 1 级实践，但是这条实践，恰恰需要我们仔细阅读。

这条实践需要高层管理者做两件事。

▶ 定方向：高级管理者定义了组织使命、愿景、价值观、目标等形式展现。

▶ 定方法（论）：定义实现组织级方向的方法。

例如，对新产品的研发，采用敏捷的方法快速交付，满足市场需求；对于老系统的维护，采用传统的方法，优先保证现有系统的稳定性。

北京某客户的老板曾经有这样一个名言：我定战略，你们（部门经理）找实现战略的方法论！

GOV 2.1　基于组织的需求和目标，高级管理层定义、沟通过程实施和改进的组织级方针并保持更新

基于组织的需求确定过程实施的基本要求，即所谓的方针，注意这些方针是和过程有关的，可以通过下述 3 个追问来梳理方针。以项目策划过程为例。

问 1：为什么要进行项目策划？

因为需要平衡多快好省，制订合理可行的计划，促使项目目标达成。

问 2：对高层而言，达成上述目的的基本要求有哪些？

计划要充分沟通；计划要平衡多方面的要求。

问 3：如何将上述要求明确、清晰地传递给执行层，明确为具体的要求？

梳理为过程方针：项目计划必须由产品、研发、测试三方会议沟通、评审、协调。

所以，方针是先于过程定义产生的，是体现高层期望的、对过程的基本要求，而不是对过程的概要总结。

GOV 2.2　高级管理者确保提供了资源和培训，用于制订、支持、实施、改进过程并评价与预期过程的符合性

确保的含义是认可资源和培训的投入并检查落实情况，包括人员、资金、软件或硬件工具、设备、环境、消耗品，以及高级管理者投入过程管理的时间。请注意，时间是最重要的资源。

资源需求和实际可用的资源是有差距的，是需要平衡的。

根据我们的经验，实施过程改进与质量保证的人员数量约为公司研发人员数量的 5%。

GOV 2.3　高级管理者识别他们的信息需求，并使用采集的信息来治理和监督过程实施和改进的有效性

高级管理者要识别自己的信息需求，通过客观的数据来治理、监督过程的执行情况，以及组织的性能是否满足目标，发现偏差，并采取行动。

既要关注符合性，也要关注有效性，后者比前者更重要。

管理者的信息需求可以通过定量的信息来满足，也可以通过定性的信息来满足。但是，一定要有定量的信息。

应该谨慎将采集的量化信息用于绩效考核，如果一定要用数据考核，则采集的数据不应该由被考核人提供，且采集的数据必须有校验的过程。

GOV 2.4 高级管理者督促员工遵守组织方针并达成过程实施和改进的目标

发现过程实施问题，解决问题，制订奖惩措施。

督促的最好方法不是远观，而是身体力行。例如，某企业的研发总监为了督促代码走查的改进，每周固定的时间穿着印着代码走查相关标语和要求的文化衫进行巡视。

改进初期，激励为主，奖惩的形式可以多样化且偏柔性，重点是要让其"随处可见"，例如红黑榜、荣誉勋章、数据排名等。上述这些奖惩措施都应该张贴或者用大屏高调地展现出来。

当改进持续一段周期，养成基本的习惯以后，此时的奖惩应该两极分明。也可以对"违规"的现象进行分析，如果是能力原因，可以多进行培养；如果是态度问题，则必须纠正。

GOV 3.1 高级管理者确保已收集、分析、使用了可支持组织目标达成的度量数据

高级管理者应要求采集多个项目组的数据，进行横向对比分析，得到结论，并采取措施。

高级管理者要看数据、用数据。例如，高级管理者可以要求各部门的工作汇报中必须包括量化的目标、量化的结果、明确的结论、潜在的风险。

GOV 3.2 高级管理者确保人员能力和过程与组织的目标保持一致

此实践包含以下两层含义。

▶ 过程能满足目标，否则需要优化过程，可以参考第 17 章、第 18 章。

▶ 人员的能力能满足目标，否则需要做培训或其他提升能力的活动，可以参考第 15 章。

提升人员的能力除了常规的培训，企业内部的学习文化塑造和员工的自学能力培养与激励也很关键。可以考虑采用以下方式。

▶ 管理者带头学习、阅读、分享。如某国企，研发总经理每周召集中层经理进行一次读书分享会，通过阅读指定书目提升核心骨干的知识，同时传递了这么一个信息：老板都能挤时间看书，员工还有什么推脱的借口。

▶ 管理者提供资金与资源，大张旗鼓地宣扬、表彰学习和分享的先进事迹和个人。现在市面上有很多互联网企业里出来的金牌讲师，即是这种方式的例子。

▶ 拟定能力提升地图。如某银行为各类角色拟定了能力提升的地图，即为了提升某项能

力，需要学什么、读什么、练什么、发表什么以及最后会如何评定，这样可以使得员工更有针对性地学习和提升，降低盲目性。

GOV 4.1　高级管理者确保选中的决策是以统计分析及其他与性能、质量和过程性能目标的达成相关的量化分析来驱动的

高级管理者要鼓励、支持、身体力行基于统计技术的定量决策。他们也要学习统计技术和量化技术，要用统计技术辅助决策，科学决策。例如：

▶　设定与调整业务目标和改进目标的决策；

▶　目标调整后可达成效果的预测与决策；

▶　改进重点与投入程度的预测与决策；

▶　改进效果是否真正有效的决策；

……

该实践并非要求对每个过程都基于统计技术进行决策，而是选择对目标达成有重要影响的过程，基于统计技术进行决策。

20.4　小结

过程管理中往往同时包含了"面子""里子"两类改进对象（见图 20-2）。为了促使过程管理取得成功，高级管理者应该通过下述治理活动的开展，使得面子和里子相辅相成、相得益彰：

▶　确定方向，选择方法；

▶　提供资源，培养能力；

▶　监督行为，治理过程；

▶　对齐目标，定量决策。

GOV 是 CMMI 2.0 中新增的实践域，为了帮助大家加深对这些实践的理解，笔者以培训过程为例，给出了每条实践的实施案例，如表 20-2 所示。

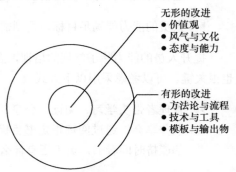

无形的改进
● 价值观
● 风气与文化
● 态度与能力

有形的改进
● 方法论与流程
● 技术与工具
● 模板与输出物

图 20-2　过程改进的面子和里子

表20-2 GOV实践域的实施案例

实践描述	针对培训过程的实施案例
GOV 1.1 高级管理者识别开展工作的要点，并定义实现组织目标的方法	人力资源部门负责公司的培训工作； 新员工入职后必须进行上岗培训； 以内部培训为主，外出培训为辅
GOV 2.1 基于组织的需要和目标，高级管理者定义、沟通过程实施和改进的组织级方针并保持更新	每个部门每个月至少要有1次技术培训； 每个部门每2个月至少要有2次管理培训； 每次培训应该制作录像，便于重复培训； 中层管理人员、核心技术人员平均每年至少有1次外部培训机会
GOV 2.2 高级管理者确保提供了资源和培训，用于制订、支持、实施、改进过程并评价与预期过程的符合性	公司每年的培训预算为人均1000元； 总经理要求购买培训摄像机、装修培训教室、购买线上培训系统； 总经理要求至少培养5名内部讲师
GOV 2.3 高级管理者识别他们的信息需要，并使用采集的信息来治理和监督过程实施和改进的有效性	总经理要求每年年初汇报培训预算、培训计划，每季度末进行调整； 每季度末要给总经理汇报培训次数、人数、培训成本、技术类与管理类培训的比例，以及对培训效果的评价
GOV 2.4 高级管理者督促员工遵守组织方针并达成过程实施和改进的目的	每季度末总经理会检查培训计划的执行情况、年度培训预算、培训计划的达成进展，并听取质量保证人员对培训过程进行检查的结果汇报
GOV 3.1 高级管理者确保已收集、分析、使用了支持组织目标达成的度量数据	每季度末，老板会根据培训计划和培训预算的实际数据，调整培训计划与预算
GOV 3.2 高级管理者确保人员能力和过程与组织的目标保持一致	老板每季度会评价HR部门培训工作的绩效情况，要求补充、调整组织级、各部门的培训主管，或要求修改培训的流程，以满足组织级的培训计划或目标
GOV 4.1 高级管理者确保选中的决策是以统计分析及其他与性能、质量和过程性能目标的达成相关的量化分析来驱动的	要求培训主管采用统计技术，对每次培训的满意度识别异常点，识别改进措施通过画箱线图和假设检验，对每年的内外部培训效果进行对比分析，以决定明年培训投入的侧重点

第 21 章

实施基础设施（II）

21.1　概述

实施基础设施（Implementation Infrastructure，II）是 CMMI 2.0 中新增的实践域，基础设施中包括了支持过程管理的资源、资金、培训、经验教训、质量体系等，总之，就是要建立进行持续过程改进的能力，让过程能够落地生根。

II 的实践中也隐含了 PDCA 循环的思想。

▶　Plan（计划），计划过程，即 II 2.1；

▶　Do（执行），执行过程，即 II 1.1 和 II 3.1；

▶　Check（检查），检查过程，即 II 2.2 和 II 3.2；

▶　Adjust（act，调整），调整过程，即 II 3.3。

II 和 GOV 是对其他每个过程都起到管理、支持作用的，所以可以把这 2 个实践域的实践解释到每个过程上。

21.2　实践列表

本实践域的实践列表参见表 21-1。

表 21-1　实施基础设施（II）实践列表

II	1.1	执行了满足 1 级实践目的的过程
II	2.1	提供充足的资源、资金和培训来制订和执行过程
II	2.2	制订过程并保持更新，以及验证过程是否得到遵从
II	3.1	使用组织级过程和过程资产来策划、管理和执行工作
II	3.2	评价对组织级过程的符合性和组织级过程的有效性
II	3.3	向组织级贡献过程相关的信息或过程资产

21.3 实践点睛

II 1.1 执行了满足 1 级实践目的的过程

此处的过程是指组织或项目实际执行的过程，而不是 CMMI 模型的实践域与实践。满足了 1 级实践目的的过程往往是必要但不完备的，能把事做完，但无法保证结果和效果，且成功是不可复制的。

II 2.1 提供充足的资源、资金和培训来制订和执行过程

要为过程的开发与维护提供人、财、物、工具，人应该经过系统的培训，具备制订和执行过程的知识与能力。比如：

▶ 需求人员可以接受需求工程、原型开发工具等专题培训；

▶ 设计人员可以接受设计方法、设计模式、设计工具等专题培训；

▶ 开发人员可以接受软件重构、单元测试方法等专题培训；

▶ 测试人员可以接受测试用例的制订方法、测试工具的使用方法等专题培训；

▶ 工程过程组可以接受如何建立体系、如何推广体系以及统计管理的专题培训；

▶ 质量保证人员可以接受质量保证方法、过程、新旧 7 种质量管理工具的专题培训；

▶ 配置管理员可以接受培训管理工具、配置管理方法等专题培训；

▶ 项目经理可以接受项目管理专业人士资格认证（Project Management Professional，PMP）、敏捷管理专业人士资格认证（Agile Certified Practitioner，ACP）等课程的专题培训；

▶ ……

在开发过程中可以选择的工具如图 21-1 所示。

II 2.2 制订过程并保持更新，以及验证过程是否得到遵从

过程体系的定义与更新可以遵循图 21-2 所示的 12 个步骤。

可以通过观察、审计、检查文档、管理评审等活动验证过程是否得到遵从。

图 21-1　开发过程中可以选择的工具①

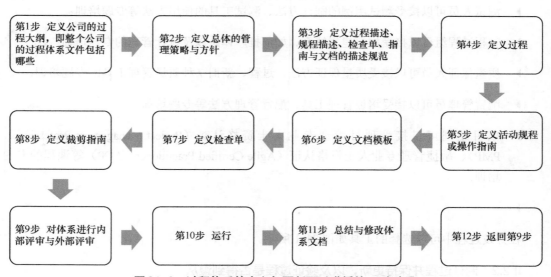

图 21-2　过程体系的定义与更新可以遵循的 12 个步骤

II 3.2 中也包含了对过程符合性的检查，和本实践的区别在于，II 3.2 执行质量检查时参照

---

① 此图来自 James Bowman 的文章 *Continuous delivery tool landscape*。

的是组织级的流程定义，II 2.2 参照的是项目级的流程定义。做到 3 级水平时，二者实际上是相同的含义。

II 3.1　使用组织级过程和过程资产来策划、管理和执行工作

该实践的常见场景包括：

▸ 利用历史数据、基线和模型制订项目目标、进行项目估算、监督项目进展；

▸ 利用历史风险、机会识别新项目的风险和机会；

▸ 利用历史经验教训进行项目裁剪与决策；

▸ 利用历史最佳实践帮助项目解决难题；

▸ 使用组织级提供的模板编写项目的各种文档；

……

II 3.2　评价对组织级过程的符合性和组织级过程的有效性

符合性即是否按过程执行了，有效性即执行了过程后是否有用、是否规避了问题的发生、是否满足了目标。在评价时为了避免形似而神非，可以综合采用访谈、检查文档、抽检、现场旁观、度量数据分析、年度内审、年度外审等手段进行评价。

例如，诸多企业引入了敏捷的站立会议，也按照站立会议的 3 个问题进行了陈述，但实践中却屡屡发生表 21-2 所示的现象。

表 21-2　敏捷的站立会议

形式	形似而神非的坏味道	本意
每天固定时间站着开会，每人陈述 3 项事项	汇报型站立会议：站立会议是全员沟通及全员关注，而非多对一的单点汇报与已阅式沟通。 闲聊型站立会议：闲聊型站立会议容易失去沟通焦点，造成站立会议的散漫和延长，违背敏捷高效沟通的原则。 批斗型站立会议：敏捷文化中，所有的成果都是"我们"的成果，所有的问题都是"我们"的问题，批斗型站立会议容易导致团队与个体、个体与个体的对立，影响团队的凝聚力。 自说自话型站立会议：站立会议中，将昨天的进展、今天的安排、遇到的问题向每位成员讲解明白是一门技巧，是个人小结和个人计划的有效形式，只能自己听见或者听明白的自说自话型站立会议无法发挥沟通的价值。 空对空型站立会议：空对空站立会议往往无依无据、效率低下，白板是站立会议的有效辅助工具，常用于讲解同步、问题记录、会议聚焦	站立会议是综合了个人回顾及计划、进展同步聚焦、全员沟通、问题暴露的"一体化"每日沟通活动

【案例】旁观站立会议识别改进点

某项目召开了每日站立会议，咨询顾问通过对站立会议的观察，得到了图21-3所示的保持项和改进项。

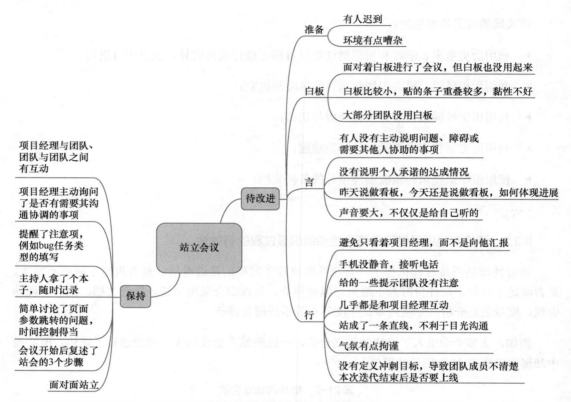

图21-3 旁观站立会议识别改进点

最后将上述改进点的行动项形成规章、规范、指南，以沉淀最佳实践。

这实际上就是一个"规范-低效-改进-规范-高效"的良性循环。

Ⅱ 3.3 向组织级贡献过程相关的信息或过程资产

经验教训、工作产品、量化数据、改进建议、典型问题与风险、最佳实践等都是应提交的过程资产，通过分析上述信息，对现有的过程进行优化和简化。

苏州一家软件企业，要求每个员工每个月必须向组织级提交经验教训总结。开始推行该办法时，很多员工没有意识到这种措施的价值，就胡乱写了一些总结提交上来，但是总有员工在本月内是有体会的，写的总结比较实际。工程过程组成员对这些总结做了汇总分析和筛选，挑选出有价值的总结放到组织级的过程资产库中，并在公司内分享、宣讲，久而久之，坚持下来，慢慢地大家都会有意识地总结自己，不再应付公事，组织级经验教训库中的素材越来越多。

过程的优化和简化应该从多个维度全局分析效果和影响，避免片面或极端，可以思考如下问题。

▶ 过程执行包含哪些环节；

▶ 如何提高过程执行的效率，是否会降低质量；

▶ 如何快速响应变化，是否会降低质量；

▶ 哪些中间产物是可以省略和简化的，是否会降低质量；

▶ 省略和简化后对沟通交流会产生什么影响；

▶ 省略和简化对经验积累传承会产生什么影响；

▶ 省略和简化后对后继工作（如维护）会产生什么影响；

......

21.4 小结

Ⅱ回答了如何让其他实践域的实践在组织内落地的问题，如果将过程改进的活动比喻成航班的起降，则实施基础设施就是修建机场，包括：

▶ 要建候机楼以确保安全、有序的上客；

▶ 要修建跑道让飞机起飞降落；

▶ 要有塔台和调度维持规范和秩序；

▶ 要配备各种后勤车辆加油保养。

Ⅱ是 CMMI 2.0 中新增的实践域，为了帮助大家加深对这些实践的理解，笔者以培训过程为例，给出了每条实践的实施案例，如表 21-3 所示。

表21-3　Ⅱ实践域的实施案例

实践描述	针对培训过程的实施案例
Ⅱ 1.1 执行了满足1级实践目的的过程	每年在公司内组织了多次培训
Ⅱ 2.1 提供充足的资源、资金和培训来制订和执行过程	HR部门购买了培训用的摄像机、录音笔、在线培训与考试系统；对公司的内部培训讲师进行了课程开发、授课技巧的培训
Ⅱ 2.2 制订过程并保持更新，以及验证过程是否得到遵从	制订了公司的培训流程、管理制度，并根据改进建议进行了调整；质量保证人员在每次培训前与培训后进行了检查活动；公司内审时，检查了培训流程的落地情况
Ⅱ 3.1 使用组织级过程和过程资产来策划、管理和执行工作	每次培训的计划、培训总结报告都使用了组织级的模板；使用在线管理系统进行了培训满意度调查；组织级为每次培训提供了教室、教具、系统；基于组织级的准备检查单进行了培训准备
Ⅱ 3.2 评价对组织级过程的符合性和组织级过程的有效性	质量保证人员检查了培训流程的落地情况；每年内审时，评价了培训流程的有效性，并提出了改进建议
Ⅱ 3.3 向组织级贡献过程相关的信息或过程资产	每次培训的总结报告充实到了组织级过程资产库中

第 22 章

CMMI 与敏捷的同与不同

有些敏捷咨询的从业者排斥 CMMI，而 CMMI 咨询的从业者却很少有排斥敏捷方法的。2016 年 CMMI 研究所曾经发布了一篇报告《Scrum 与 CMMI 指南：使用 CMMI 提高敏捷性能》，在 CMMI 2.0 中也有大量篇幅描述了敏捷仪式与 CMMI 的实践域的关系。

笔者从 1998 年开始接触 CMM，到现在超过 20 年了。笔者自己亲自实施过 CMM，也辅导了很多企业进行基于 CMMI 的过程改进。2013 年笔者成为了 CMMI 的评估师，后来成为了高成熟度的评估师，2019 年又成为了 CMMI 的教员。笔者从 2005 年开始接触敏捷方法，到现在有 15 个年头了，2008 年左右成为了认证的 Scrum Master，2018 年成为了认证的大规模敏捷顾问和敏捷性能合弄结构的评估师。从事咨询工作 15 年来，笔者辅导多家客户导入了敏捷方法。

在咨询过程中，笔者秉承实用、实效的原则，别管黑猫白猫，逮住老鼠就是好猫，基于这样的思想，我们的客户大都同时吸收了两种方法论的有益成分，有成功的，也有失败的。在多次和客户、同行碰撞、沟通的过程中，笔者进行了一些思考，整理归纳了笔者对两者的认识。

22.1 目标定位

CMMI 是用来评价组织级能力的模型，是指导组织持续进行过程改进的模型，它给出了过程改进的路线图。敏捷方法是用来指导快速交付高质量、高价值产品的思想与框架。

所以，在目标定位方面二者存在如下差异。

（1）CMMI 给出了"做什么"，敏捷给出了"怎么做"。

CMMI 给出了很多实践，敏捷也给出了一些仪式，但二者的详细程度、抽象层次不同。例如：

二者都要求做计划，CMMI 要求做任务拆分，要做规模估算、工作量估算，要有进度表，要做计划评审等。敏捷给出了迭代策划会议的解决方法，实现了 CMMI 中的 EST、

PLAN 等实践域的实践。

二者都要求做计划跟踪，敏捷给出了每日站立会议、迭代评审、迭代回顾会议等实现了 CMMI 中的监督与控制的实践。

CMMI 要求做验证和确认，敏捷要求做检视，CMMI 中有 VV 与 PR 两个实践域，敏捷有结对编程、测试驱动的开发、迭代评审等仪式。

"做什么"与"怎么做"是对具体做法的不同抽象层次，"怎么做"可以有很多种不同的做法，敏捷实践是其中一种。CMMI 并不排斥敏捷，它只是定义了"做什么"。

敏捷中有价值观、原则，在符合敏捷的价值观与原则的前提下，有各种各样的敏捷方法、敏捷仪式，敏捷价值观与原则抽象了仪式背后的目的，是对"怎么做"的思想的提炼，但是仍然处在"怎么做"的层次上。

以吃饭来举例，如图 22-1 所示。

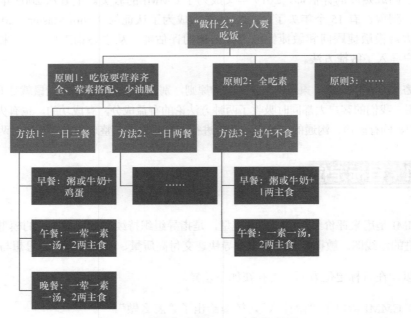

图22-1　"做什么"与"怎么做"的类比

CMMI 模型的鼻祖 Watts Humphrey 负责开发了 CMM，还继续开发了小组软件过程（Team Software Process，TSP）与个体软件过程（Personal Software Process，PSP），试图解决团队级与个人级的"怎么做"的问题，解决 CMMI 落地的问题。PSP 给出开发人员能力提升的路线图，包括个人的技术能力与管理能力，TSP 给出不超过 10 人的团队如何采用迭代的生命周期模型进行开发的方法，TSP 与 PSP 试图解决 CMMI 在项目级、在个人级"怎么做"的问题，但是它们并没有吸收更多的敏捷元素，没有在业内流行开来，很是可惜。

企业可以采用 CMMI+TSP+PSP 的方式搭建自己的管理体系，当然也可以采用 CMMI+ 看板 + XP+Scrum+LeSS 的方式搭建自己的管理体系。"做什么"与"怎么做"本身并不矛盾。"怎么做"不能否定"做什么"，比如你笃信"过午不食"是最正确的，但是你不能据此来否定人要吃饭。

（2）CMMI 侧重于建立组织级的能力，大多数敏捷方法侧重于团队级的能力。

CMMI 最初是美国国防部为评价一个组织的开发能力而定义的模型，它站在组织级的角度看待过程能力。它定义了高级管理者的治理职责，要求组织级定义管理的方针、过程、裁剪指南、模板等，组织级要进行过程执行情况的检查，要给团队提供资源、工具、培训等支持，组织级要采集经验教训、典型案例、改进建议、度量数据等，并进行持续改进，要将组织的规范固化为大家的工作习惯。

TSP 侧重于建立团队级的能力，PSP 侧重于建立个人级的能力。

Scrum、XP 等敏捷方法大都侧重于构建团队级的能力，给出了一个小团队的角色划分、管理实践与技术实践，如果需要进行大产品的开发，可以采用规模化敏捷的方法，如 LeSS、SAFe 等。团队规模越大，需要的管理活动就越多，SAFe 之类的大规模敏捷框架受到的质疑就比较多。组织级敏捷文化的形成需要借助变革管理的理论、方法来辅助 Scrum、XP、LeSS、SAFe 等敏捷方法构建组织级的能力，如果不能在组织内形成敏捷文化，则敏捷不能持久。

图 22-2 这个分类图可以厘清各种模型、框架、标准的定位。

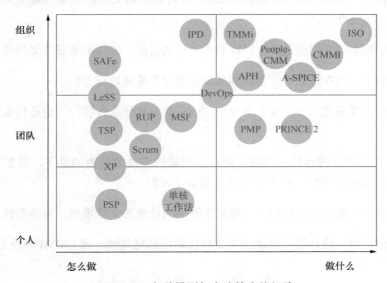

图22-2 各种模型与方法的定位矩阵

没有必要绝对地评价各种方法谁好谁坏，只能讲在某种场景下谁最适合。

22.2 思想焦点

（1）过程的重要程度。

CMMI 强调通过规范的过程，将人、技术、工具集成在一起，从而产生好的结果。

敏捷依赖人的经验和做事原则快速交付高质量的产品，敏捷并不否定过程的重要性，只是过程不如个体与协同重要。

CMMI 重视过程的重要性，但是没有强调简洁的过程、增值的过程、无浪费的过程更有价值。质量保证人员要对项目的合规性进行检查，而敏捷认为非增值的合规活动是一种浪费。

在实践中，很多项目追求合规时，往往迷失了目标，为规范而规范。而敏捷认为为了产生好的结果，应该灵活地配置过程，灵活的配置过程比预定义的过程更重要。

从本质上来讲，二者都是为了解决更好、更快交付的问题，但是解决问题的方式不同。这是在对待过程的认识上与实践中，敏捷与 CMMI 的本质差别。

（2）文档的重要性与多少。

《敏捷宣言》中明确提到：能够工作的软件胜过完备的文档。不是不需要文档，而是可以工作的软件比文档更重要。

敏捷方法中要求的文档数量少，内容简化、形式灵活，编写刚刚好的文档即可。

CMMI 的每条实践在评估时，要从制品和访谈两个维度进行考察。

CMMI 并没有要求文档一定要有多少个，一定要包含什么内容，一定是什么格式，一定多么正式。

但是，由于 CMMI 内容的完备性，需要证明某些实践域是否满足了，需要有证据。由于实践中大家对 CMMI 的误解，很多组织过度准备了证据。

所以第 1 种原因造成的文档增加，与第 2 种原因造成的文档增加，其必要性是不同的。

敏捷认为面对面沟通传递信息比使用文档传递信息更高效。而 CMMI 并没有在"怎么做"的层级强调这一点。

需求、设计、测试用例这些工程制品在敏捷和 CMMI 中都存在，只不过在敏捷里给出了明确的建议而已，采用产品待办事项列表（product backlog）、用户故事、CRC 卡片、设计草图、测试代码等方法。拿需求文档来举例：CMMI 要求有客户需求、产品需求，可以映射为敏捷中的用户故事、用户故事的验收标准。CMMI 要求区分必需的需求与可裁剪的期望，可以映射为敏捷中的需求，划分优先级。CMMI 要求包含接口需求与约束，要有系统的操作概念。接口需求与约束在敏捷中可以表现为技术故事或约束故事，操作概念可以映射为在制作用户故事地图时梳理出来的客户的作业流程。

计划书、计划跟踪记录这些管理制品在敏捷和 CMMI 中都存在，只不过在敏捷里明确建议采用产品路线图、发布计划、迭代计划、任务白板、燃尽图等。但是 CMMI 对计划的内容做了比较完备的要求，比如要有人员能力的获取计划（培训计划或人员配备招聘计划）、资料的管理计划、风险的管理计划等。而在敏捷策划时，这些计划是根据需求来定义的，团队根据经验想到了就做，没想到就等出了问题再去解决。

从主要的工程制品与管理制品的要求上来说，其实二者并没有本质的差别。那 CMMI 的文档多在什么地方呢？

▶ 文档内容的完备性。如上面我们所举的项目计划的例子。

▶ CMMI 中有支持开发活动的实践域，包含了过程质量保证、配置管理、决策分析和解决、管理性能与度量、原因分析和解决等，这些实践域的活动都要有计划，这些活动计划可以是单独的文档，也可以是进度表中的活动，这些活动的实际执行也要有记录。

▶ CMMI 中还有过程改进类的实践域，包含了过程管理、过程资产开发、组织级培训、管理性能与度量。这些实践域的制品是敏捷方法中没有涉及的。

对于文档的多少，我们需要冷静分析两个问题。

▶ 文档该不该有。

▶ 如果需要文档，应完备到什么程度。

CMMI 说了要有某些证据，让大家觉得需要好多文档。

敏捷没说，不代表实践中不需要有。不能回避，不能视而不见，否则就是皇帝的新装了。

在实践中，可以根据文档的价值来决定文档的多少、表现形式与内容多少。

▶ 用户需要的文档必须有。

> ▶ 工程类的文档：直接辅助我们来开发产品的文档，如需求、设计、测试用例等，尽量有。

> ▶ 管理类的文档：帮助团队来开发产品，交付产品的文档，如计划、计划跟踪结果等，尽量少。

> ▶ 记录类的文档，只是记录我们的工程活动与管理活动的结果的文档，尽量无。

敏捷就是平衡灵活性与稳定性，平衡的能力至关重要。

（3）如何应对变化？

敏捷的过程是随需而变，是经验型过程控制，是在团队级灵活变化的，是以变化应对变化，拥抱变化，不是以不变应万变。不变的是原则，变化的是具体做法。

CMMI 的三级强调已定义的过程，组织级统一定义了过程，项目组可以裁剪，但是如果组织级的约束太多，项目组就懒得去裁剪，而是表面上合规，实际上自己按自己的套路去做。当外部环境发生了改进，需要对过程进行修改时，需要在组织级统一修改过程，经过多个作业环节的认可后才可以变更，这影响了应对变化的速度。

如果 CMMI 的组织级过程是一套原则加上简化的过程，而不是一套完备的过程，赋予团队更多的过程决策权力、提供更大的灵活性，是否就敏捷化了呢？这个问题值得思考。

CMMI 对"做什么"给出了实践，但是对"怎么做"并没有给出融合敏捷思想的建议，这是大家对 CMMI 有误解的原因之一。虽然在 CMMI 1.3 中和 CMMI 2.0 中给出了一些在特定敏捷环境下，CMMI 从"做什么"到"怎么做"的解释说明，但是并没有触及根本。

22.3 核心理念

《敏捷宣言》、敏捷的 12 个原则以及各种敏捷方法自己的原则，构成了敏捷的价值观，这些是敏捷的思想理念，是敏捷的根本。

CMMI 推崇的价值观、理想以及自己的原则是什么，CMMI 没有明确地喊出来。它的思想是通过每个实践域的目的与价值来描述的，没有提炼、抽象出来，辨识度不高。CMMI 2.0 推出以后，我试图概括了 CMMI 的核心价值观，这仅是我的理解，并非 CMMI 的官宣，如下所示。

（1）业务目标驱动改进；

（2）遵循过程实现目标；

（3）定量数据量化性能；

（4）固化习惯成为文化；

（5）高层支持全员参与；

（6）循序渐进持续优化。

敏捷的价值观描述得比较简单、清晰，辨识度很高，更接地气，更容易打动人。这对敏捷的宣传推广起到了很好的助力，不容易让人误解。

当人们一提到敏捷时，首先想到的是快速交付产品，而提起 CMMI 时，首先想到的是文档和过程。这种第一印象未必准确，也未必正确，但是有很大的舆论效应。

22.4　内容范围

（1）CMMI 完备，敏捷简单。

CMMI 试图规避在开发与管理中遇到的各种风险，所以总结了很多实践，是相对完备的集合，在完备性上鲜有类似的模型。CMMI 的实践覆盖了管理、技术、支持、过程改进的活动，一个组织内的采购、开发、服务、人力资源管理的业务都可以参照进行改进。CMMI 中包含了组织级支持团队交付产品或服务的基础设施的建立、企业文化的形成。单一的敏捷方法中则缺少这些基础设施与文化建立的仪式，需要融合多种敏捷方法或辅助以其他方法才可以建立敏捷的基础设施与文化。

敏捷试图规避在开发与管理中遇到的最主要的风险，所以总结了很少的仪式。当在实践中遇到具体的问题时，再来及时应对，它是探索式的管理，不是预测式的管理。不同的敏捷方法有不同的敏捷仪式，百花齐放，因为不同的敏捷方法的侧重点不同。Scrum 侧重于单团队的管理活动，XP 侧重于单团队的技术活动，LeSS 和 SAFe 侧重于多团队的协同活动。

如果要做一个敏捷方法与 CMMI 的映射，需要将多种敏捷方法的仪式与 CMMI 的实践域进行映射才可以覆盖到。单一的敏捷方法在完备性上是无法实现 CMMI 模型的实践要求的。而一个组织的实际做法往往介于 CMMI 与敏捷之间，画一个示意图，大概如图 22-3 所示。

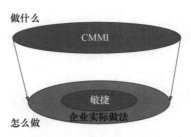

图 22-3　组织自己的实际做法

（2）二者的很多思想都是共通的。

CMMI 的大部分实践与敏捷的仪式其实在思想上是相通的，在很多地方都是有共识的，都来自成功组织的最佳实践。

它们都要求做计划，都要求做计划跟踪，都需要配置管理，都需要度量数据，都要求做原因分析，都要求做反思回顾，都要求做验证和确认等。只不过是"做什么"与"怎么做"的区别，活动的抽象层次不同。

高成熟度的实践是 CMMI 特有的，也可以尝试将它们应用于敏捷环境，但并非必须，当敏捷的实践在组织内成熟到一定程度后也可以做统计管理。

22.5　推广难度

CMMI 2.0 模型区分了自定义视图与预定义视图，自定义视图允许企业自选实践域进行改进，而预定义视图则由 CMMI 研究院预定义了路线图，规定了要包含的实践域，对照预定义视图的评估等级称为组织的成熟度等级，对照自定义视图的评估等级称为实践域的能力等级。前者在行业内进行标杆对比时，概念简单，后者则逐个实践域进行比较，在实践中绝大多数的组织都选择的是预定义视图。CMMI 模型的初衷是期望组织能够针对自己的实际问题，自选改进的路线图进行提升，而不是以通过评估为目的而进行"改进"。

CMMI 1.3 中每个过程域的目标是评估时必须考察、必须满足的。实践是期望的，但是企业在理解 CMMI 模型、实际执行时，咨询顾问在咨询时，评估师在评估时，往往是把实践也作为必须满足的。这也导致了 CMMI 模型的初衷与现实的巨大差距！CMMI 2.0 中的实践则都是必须要实现的。

从人的本性来讲，人们更喜欢简单的事物，不喜欢被约束，所以"原则＋少量的仪式＋团队的自信"这种模式更容易被开发人员认可，从而流行起来。

但是，这并不意味着敏捷就比 CMMI 容易推广。CMMI 在推广中面临形似而神非的现象，敏捷在推广中也面临类似的问题。

一个组织在导入敏捷时，要选择自己认可的价值观、原则、仪式、工具等，也要定义规范、推广规范，需要有教练指导这些原则、仪式、工具的落地。

很多组织做了迭代策划、每日站立会议、迭代评审、迭代回顾，但是实际旁观他们的行为，却发现他们并没有贯彻敏捷的原则和敏捷的价值观。很多团队并没有理解敏捷仪式背后的原理，导致敏捷仪式走样，不能达到预期的效果。

也有很多组织只实施了敏捷的管理实践，而没有实施敏捷的技术实践，产品的质量并没有得到真正的提高。

也有的企业没有建立组织级敏捷的文化，公司中高层的思想没有同步更新，团队的敏捷则无法持久。

经验型过程控制，追求技术卓越，这些都要求团队的核心成员具有丰富的开发经验和较高的技术水平，而软件组织的很多人员并不具备这个基础。

谴责 CMMI 模型不好或者谴责敏捷方法不好，都是片面的，更大程度上是我们的落地方法有问题，或者是我们去落地的人有问题。

在一个组织内，谁最先发起要导入 CMMI 与敏捷的呼吁呢？

▶　如果是市场的呼吁，那可能侧重的是证书，是投标的需求。

▶　如果是开发的呼吁，那可能侧重的是减负，是提高效率的需求。

▶　如果是老板的呼吁，那可能侧重的是交付高质量的产品，快速响应市场的需求。

过程改进不同的出资人，推动的力度和推动的结局是不同的。

对企业而言，对老板而言，要平衡短期利益与长期利益，活下去，活得好，活得久，需要平衡。

CMMI 与敏捷都不是万能的，都有其适用场景，不能盲目迷信，盲目崇拜，要秉持开放的心态，持续发展的心态，兼收并蓄，取长补短。

从理想到实现有很远的路要走，应该聚焦于给客户带来实际效果，立足当下，扎扎实实地解决问题。

喧嚣之中，需要冷静思考，务实平衡。

22.6　CMMI与敏捷相辅相成

综上所述，CMMI 2.0 与敏捷不是冲突或抵制的，两者是相容的、相互支撑的。根据 CMMI 研究院的统计数据，超过 80% 的采用 CMMI 进行评估的组织中使用了敏捷方法。

敏捷实践都可以映射到 2.0 的实践域中，表 22-1 是一些流行的实践与 CMMI 2.0 实践域的简单映射。

表 22-1　敏捷实践与 CMMI 2.0 实践域的映射

敏捷实践/CMMI实践域	EST	Plan	MC	RSK	MPM	SAM	RDM	TS	PI	PR	VV	PQA	CM	DAR	CAR	PCM	PAD	GOV	II	OT
需求梳理							✓			✓										
团队估算游戏与策划扑克法	✓			✓			✓			✓										
发布策划		✓		✓	✓	✓	✓			✓										
冲刺策划		✓		✓	✓	✓	✓	✓		✓										
每日站立会议			✓	✓	✓	✓														
冲刺演示/冲刺评审			✓	✓		✓	✓				✓									
冲刺/迭代回顾			✓	✓	✓						✓	✓				✓	✓			
结对编程								✓		✓	✓									
测试驱动的开发								✓			✓									
重构								✓			✓									

续表

敏捷实践/CMMI实践域	EST	Plan	MC	RSK	MPM	SAM	RDM	TS	PI	PR	VV	PQA	CM	DAR	CAR	PCM	PAD	GOV	II	OT
持续集成与持续构建								√	√		√		√							
探针		√						√	√					√						
史诗							√													
用户故事							√				√									
产品待办事项列表		√					√													
迭代待办事项列表	√	√		√																
技术债务		√					√	√												
完成标准的定义		√									√									
发布燃尽图			√		√															
冲刺燃尽图			√		√															
速率					√															

　　而在敏捷方法中缺少的一些实践，CMMI 却可以提供支持，这些实践域和实践可以助力敏捷在企业中落地，走得更深更远。

▶　**GOV**：高层要参与敏捷方法的导入，要支持敏捷方法的导入。

▶　**II**：要让敏捷方法在组织中成为文化，固化下来。

▶　**OT**：敏捷方法要在组织内进行普遍培训。

▶　**PAD**：要积累与敏捷方法相关的经验教训、度量数据、典型案例。

▶　**PCM**：对于敏捷方法在组织内的实施，要持续改进。

▶　**PQA**：敏捷方法的落地实施，也要可重复，要有过程审计。

▶　**CM**：已有的各种资料要纳入配置库，代码要建立基线。

▶　**CAR**：对经验教训的反思可以进行原因分析。

▶　**DAR**：重大的技术与管理决策要群策群力。

▶　**MPM**：积累敏捷方法相关的度量数据，对敏捷方法的质量、效率进行科学评价。

因此，两种方法可以共生共存，在不同层次上解决不同的问题。

附录 A

CMMI–DEV V2.0 各实践域的意图与价值

CMMI–DEV V2.0 各实践域的意图与价值

类别	能力域	实践域	目的	价值
行动	EDP	PI	集成并交付满足了功能和质量需求的解决方案	为客户提供满足或超过其功能和质量要求的解决方案，从而提高客户满意度
行动	EDP	TS	设计并实现满足客户需求的解决方案	提供经济有效的设计和解决方案，以满足客户需求并减少返工
行动	ENQ	PQA	验证已执行的过程及其工作产品，使其质量得到改进	加强过程使用的一致性并增强过程的改进，以最大限度地提高业务收益和客户满意度
行动	ENQ	PR	通过作者同行或领域专家评审来识别并处理工作产品中的问题	通过及早发现问题或缺陷来降低成本并减少返工
行动	ENQ	RDM	引导需求，确保与干系人达成共识，并保持需求、计划和工作产品的一致性	确保满足客户的需求和期望
行动	ENQ	VV	验证和确认活动包括： • 确定选中的解决方案和组件能够满足需求； • 证实选中的解决方案和组件在目标环境下能够实现其期望的用途	在整个项目进展过程中，对选定的解决方案和组件进行验证和确认，提升了解决方案满足客户需求的可能性
行动	SMS	SAM	与选中的供应商签订协议，确保供应商和采购方在协议期间履行协议条款，并评价供应商的交付物	在采购方与供应商之间达成明确的共识，从而最大限度推动供应商成功地按照协议交付成果
实现	SI	CAR	识别选中现象的原因并采取行动，以防止"坏事"的重演或确保"好事"的复现	解决根因问题，以消除返工，直接提高质量和生产率
实现	SI	CM	使用配置标识、版本控制、变更控制和审计管理工作产品的完整性	减少工作遗失，提高向客户交付解决方案的正确版本的能力
实现	SI	DAR	使用文档化的过程分析候选方案，做出并记录决策	提高决策的客观性和选中最佳解决方案的可能性
提高	BSC	GOV	为高层管理者提供关于他们在资助和治理过程活动方面的指引	最大限度地降低过程实施的成本，提高实现目标的可能性，确保实施的过程支持并有助于业务的成功

续表

类别	能力域	实践域	目的	价值
提高	BSC	II	确保组织的重要过程得以坚持，形成习惯，并持续改进	保持持续并高效地达成目标的能力
提高	IMP	MPM	使用度量和分析来管理性能以达成商业目标	将管理和改进工作专注于成本、进度和质量性能上，最大限度地提高业务投资回报
提高	IMP	PAD	开发、执行工作所需的过程资产并保持更新	提供理解和复制成功性能的能力
提高	IMP	PCM	管理和实施过程和基础设施的持续改进以： • 支持商业目标的达成； • 识别和实施最具收益的过程改进； • 使过程改进的结果可视、可访问、可维持	确保过程、基础设施及其改进有助于成功实现商业目标
管理	MBR	RSK	识别、记录、分析和管理潜在的风险和机会	缓解不利影响或利用积极影响来增加实现目标的可能性
管理	MWF	OT	培养人员的技能和知识以便其能够有效且高效地胜任本职工作	增强个人的技能和知识，以提高组织的工作业绩
管理	PMW	EST	估算开发、采购或交付解决方案所需工作和资源的规模、工作量、工期和成本	估算为做出承诺、策划和减少不确定性提供了基础，有助于及早采取纠正措施，增加了实现目标的可能性
管理	PMW	MC	了解项目进展，当性能与计划存在显著偏离时采取合适的纠正行动	通过及早采取行动调整重大性能偏离，提高实现目标的可能性
管理	PMW	PLAN	在组织的标准和约束下，开发计划以描述完成工作所需的： • 预算； • 进度； • 资源要求、数量或容量及可用性； • 质量； • 功能性需求； • 风险和机会。 计划还描述了： • 需要执行的工作； • 适用的组织级标准过程集、资产和裁剪指南； • 依赖关系； • 责任人； • 与其他计划的关系； • 干系人及其角色	优化成本、功能和质量，以提高实现目标的可能性

附录 B

CMMI-DEV V2.0 实践列表

CMMI-DEV V2.0实践列表

实践域	实践编号	实践描述的中文翻译
CAR	1.1	识别并处理选中现象的原因
CAR	2.1	选择要分析的现象
CAR	2.2	分析并处理现象的原因
CAR	3.1	遵从组织级的过程确定选中现象的根因
CAR	3.2	提出行动建议以处理识别的根因
CAR	3.3	实施选中的行动建议
CAR	3.4	记录根因分析和解决方案的数据
CAR	3.5	为已经证明有效的变化提交改进建议
CAR	4.1	采用统计和其他量化技术对选中的现象执行根因分析
CAR	4.2	采用统计和其他量化技术评价实施的行动对过程性能的影响
CAR	5.1	使用统计和其他量化技术评价其他产品和过程，以确定解决方案是否应该在更广泛的范围内应用
CM	1.1	执行版本控制
CM	2.1	识别置于配置管理之下的配置项
CM	2.2	建立、使用配置和变更管理系统并保持更新
CM	2.3	建立或发布内部使用或交付给客户的基线
CM	2.4	管理配置项的变更
CM	2.5	建立、使用描述了配置项的记录并保持更新
CM	2.6	执行配置审计以维持配置基线、变更和配置管理系统内容的完整性
DAR	1.1	定义并记录候选方案
DAR	1.2	做出决策并记录决策
DAR	2.1	制订、使用规则来决定何时遵从文档化的过程进行基于准则的决策并保持更新

实践域	实践编号	实践描述的中文翻译
DAR	2.2	制订评价候选方案的准则
DAR	2.3	识别候选解决方案
DAR	2.4	选择评价方法
DAR	2.5	使用准则及方法评价和选择解决方案
DAR	3.1	制订、使用基于角色的决策授权描述并保持更新
EST	1.1	建立一个粗略的估算以开展工作
EST	2.1	建立、使用估算对象的范围并保持更新
EST	2.2	建立解决方案的规模估算并保持更新
EST	2.3	基于规模估算，估计并记录解决方案的工作量、工期和成本，并记录估算的依据
EST	3.1	制订文档化的估算方法并保持更新
EST	3.2	使用组织级的度量库和过程资产来估算工作
GOV	1.1	高级管理者识别开展工作的要点，并定义实现组织目标的方法
GOV	2.1	基于组织的需求和目标，高级管理者定义、沟通过程实施和改进的组织级方针并保持更新
GOV	2.2	高级管理者确保提供了资源和培训，用于制订、支持、实施、改进过程并评价与预期过程的符合性
GOV	2.3	高级管理者识别他们的信息需求，并使用采集的信息来治理和监督过程实施和改进的有效性
GOV	2.4	高级管理者督促员工遵守组织方针并达成过程实施和改进的目标
GOV	3.1	高级管理者确保已收集、分析、使用了可支持组织目标达成的度量数据
GOV	3.2	高级管理者确保人员能力和过程与组织的目标保持一致
GOV	4.1	高级管理者确保选中的决策是以统计分析及其他与性能、质量和过程性能目标的达成相关的量化分析来驱动的
II	1.1	执行了满足1级实践目的的过程
II	2.1	提供充足的资源、资金和培训来制订和执行过程
II	2.2	制订过程并保持更新，以及验证过程是否得到遵从
II	3.1	使用组织级过程和过程资产来策划、管理和执行工作
II	3.2	评价对组织级过程的符合性和组织级过程的有效性
II	3.3	向组织级贡献过程相关的信息或过程资产
MC	1.1	记录任务完成情况
MC	1.2	识别并解决问题

实践域	实践编号	实践描述的中文翻译
MC	2.1	对照规模、工作量、进度、资源、知识技能和预算的估计结果来跟踪实际结果
MC	2.2	跟踪已识别的干系人的参与和承诺
MC	2.3	监督向运维和支持的移交
MC	2.4	当实际结果与计划的结果有显著偏离时，采取纠正措施并管理至关闭
MC	3.1	使用项目计划和项目过程管理项目
MC	3.2	管理关键依赖和活动
MC	3.3	监督工作环境以识别问题
MC	3.4	和受影响的干系人一起管理和解决问题
MPM	1.1	采集度量数据，并记录性能
MPM	1.2	识别并处理性能问题
MPM	2.1	从选中的商业需求和目标中，推导并记录度量和性能目标，并保持更新
MPM	2.2	制订、使用度量元的操作定义并保持更新
MPM	2.3	依据操作定义获得指定的度量数据
MPM	2.4	依据操作定义分析性能和度量数据
MPM	2.5	依据操作定义存储度量数据、度量规格和分析结果
MPM	2.6	采取行动处理所识别的问题，以满足度量与性能目标
MPM	3.1	制订、使用可追溯到业务目标的组织级度量和性能目标并保持更新
MPM	3.2	遵从组织级的过程和标准，制订、使用度量元的操作定义并保持更新
MPM	3.3	制订、遵从数据质量过程并保持更新
MPM	3.4	建立、使用组织级度量库并保持更新
MPM	3.5	使用度量与性能数据，分析组织级性能以确定性能改进需求
MPM	3.6	向组织周期性地沟通性能结果
MPM	4.1	使用统计和其他量化技术制订、沟通可以追溯到商业目标的质量和过程性能目标并保持更新
MPM	4.2	使用度量元和分析技术定量管理性能，以达成质量和过程性能目标
MPM	4.3	使用统计和其他量化技术建立过程性能基线并保持更新
MPM	4.4	使用统计和其他量化技术建立过程性能模型并保持更新
MPM	4.5	使用统计和其他量化技术确定或预测质量和过程性能目标的达成
MPM	5.1	使用统计和其他量化技术确保业务目标与商业战略和性能协调一致
MPM	5.2	使用统计和其他量化技术，分析性能数据以确定组织满足选中的业务目标的能力，并识别潜在的性能改进领域

实践域	实践编号	实践描述的中文翻译
MPM	5.3	基于对满足业务目标、质量目标和过程性能目标的改进建议的期望效果的统计和量化分析，选择和实施改进建议
OT	1.1	培训人员
OT	2.1	识别培训需求
OT	2.2	培训人员并保存记录
OT	3.1	制订组织级的战略和短期培训需求并保持更新
OT	3.2	在项目和组织之间协调培训需求并组织培训
OT	3.3	制订、遵从组织级战略和短期培训计划并保持更新
OT	3.4	开发、使用培训能力以处理组织级培训需求并保持更新
OT	3.5	评估组织级培训计划的有效性
OT	3.6	记录、使用组织级培训记录集并保持更新
PAD	1.1	开发过程资产以执行工作
PAD	2.1	确定哪些过程资产是完成工作所必需的
PAD	2.2	开发、购买、复用过程和资产
PAD	2.3	确保过程和资产可获得
PAD	3.1	制订、遵从创建和更新过程资产的策略并保持更新
PAD	3.2	建立、记录和保持更新过程架构以描述组织过程和过程资产的结构
PAD	3.3	开发、保持更新过程与资产并使其可供使用
PAD	3.4	制订、使用标准过程集和资产的裁剪准则和指南并保持更新
PAD	3.5	建立、保持更新组织过程资产库并确保其可用
PAD	3.6	制订、保持更新工作环境标准并确保其可用
PAD	3.7	制订、保持更新组织度量和分析标准并确保其可用
PI	1.1	组装解决方案并交付给客户
PI	2.1	制订、遵从集成策略并保持更新
PI	2.2	建立、使用集成环境并保持更新
PI	2.3	制订、遵从用于集成解决方案和部件的规程与准则并保持更新
PI	2.4	在组装之前，确认每个部件都已被正确地标示并能按照其需求和设计正常工作
PI	2.5	评价组装好的部件以确保与解决方案的需求和设计保持一致
PI	2.6	依据集成策略组装解决方案和部件
PI	3.1	在解决方案的全生命周期内，评审接口或连接的描述，以确保覆盖率、完备性和一致性并保持更新

续表

实践域	实践编号	实践描述的中文翻译
PI	3.2	在组装之前，确认部件接口或连接与其描述一致
PI	3.3	评价组装的部件，以确保接口或连接的兼容性
PLAN	1.1	制订任务列表
PLAN	1.2	为任务分配人员
PLAN	2.1	制订完成工作的方法并保持更新
PLAN	2.2	策划执行工作需要的知识和技能
PLAN	2.3	基于文档化的估算，制订预算和进度并保持更新
PLAN	2.4	策划所识别的干系人的参与
PLAN	2.5	策划向运维和支持的移交
PLAN	2.6	协调可用的和估计的资源，确保计划可行
PLAN	2.7	制订工作计划，确保其元素之间的一致性，并保持更新
PLAN	2.8	评审计划并获得受影响的干系人的承诺
PLAN	3.1	使用组织级的标准过程和裁剪指南，制订、遵从项目过程并保持更新
PLAN	3.2	采用项目过程、组织级过程资产和组织级度量库制订计划并保持更新
PLAN	3.3	识别并协商关键依赖
PLAN	3.4	基于组织级的标准，策划项目环境并保持更新
PLAN	4.1	使用统计和其他量化技术，开发项目的过程并保持更新，以促使质量和过程性能目标的达成
PCM	1.1	建立支撑体系以提供过程指导、识别并修复过程问题、持续改进过程
PCM	1.2	评估当前的过程实施状况并识别强项和弱项
PCM	1.3	应对改进机会或过程问题
PCM	2.1	识别对过程和过程资产的改进点
PCM	2.2	为实施选中的过程改进，制订、遵从计划并保持更新
PCM	3.1	建立、使用可追溯到业务目标的过程改进目标并保持更新
PCM	3.2	识别对满足业务目标贡献最大的过程
PCM	3.3	探索和评价潜在的新过程、技术、方法和工具以识别改进机会
PCM	3.4	为实施、部署和维持过程改进提供支持
PCM	3.5	部署组织标准过程和过程资产
PCM	3.6	评价已部署的改进措施在达成过程改进目标方面的有效性
PCM	4.1	对照提出的改进预期、业务目标，或质量和过程性能目标，采用统计和其他量化技术确认选中的性能改进

实践域	实践编号	实践描述的中文翻译
PQA	1.1	识别和处理过程及工作产品的问题
PQA	2.1	基于历史的质量数据，制订、遵从质量保证方法和计划并保持更新
PQA	2.2	在整个项目过程中，对照文档化的过程和适用的标准客观评价选中的、已执行的过程和工作产品
PQA	2.3	交流质量问题和不符合问题并确保它们得到解决
PQA	2.4	记录并使用质量保证活动的结果
PQA	3.1	在质量保证活动期间，识别和记录改进机会
PR	1.1	评审工作产品并记录问题
PR	2.1	制订用以准备和执行同行评审的规程和支持材料并保持更新
PR	2.2	选择待同行评审的工作产品
PR	2.3	使用已建立的规程，对选中的工作产品准备和执行同行评审
PR	2.4	解决同行评审中发现的问题
PR	3.1	分析同行评审的结果和数据
RDM	1.1	记录需求
RDM	2.1	引导干系人的需要、期望、约束、接口或连接
RDM	2.2	将干系人的需要、期望、约束、接口或连接转换为排列了优先级的客户需求
RDM	2.3	与需求提供者就需求的含义达成一致的理解
RDM	2.4	从项目的参与者处获得他们对需求可实现的承诺
RDM	2.5	建立、记录、维护需求与活动或工作产品之间的双向可跟踪性
RDM	2.6	确保计划与活动或工作产品与需求保持一致
RDM	3.1	开发解决方案及其构件的需求并保持更新
RDM	3.2	定义操作概念和场景
RDM	3.3	分配待实现的需求
RDM	3.4	识别、定义接口或连接需求并保持更新
RDM	3.5	确保需求是必要的和充分的
RDM	3.6	平衡干系人的需求和约束
RDM	3.7	确认需求以确保最终的解决方案可以在目标环境中按照预期运行
RSK	1.1	识别、记录风险或机会，并保持更新
RSK	2.1	分析所识别的风险或机会
RSK	2.2	监督识别的风险或机会，并和受影响的干系人沟通状态
RSK	3.1	识别并使用风险或机会的类别

续表

实践域	实践编号	实践描述的中文翻译
RSK	3.2	为风险或机会的分析和处理定义并使用参数
RSK	3.3	制订风险或机会管理策略并保持更新
RSK	3.4	制订风险或机会管理计划并保持更新
RSK	3.5	通过实施已计划的风险或机会管理活动来管理风险或机会
TS	1.1	构建满足需求的解决方案
TS	2.1	设计和构建满足需求的解决方案
TS	2.2	评价设计并处理识别的问题
TS	2.3	提供解决方案的使用指南
TS	3.1	制订设计决策的准则
TS	3.2	对选中的构件制订候选解决方案
TS	3.3	执行构建、购买或复用分析
TS	3.4	基于设计准则选择解决方案
TS	3.5	制订、使用实现设计所需的信息并保持更新
TS	3.6	使用已建立的准则设计解决方案的接口或连接
VV	1.1	执行验证以确保需求得到实现并记录和沟通验证结果
VV	1.2	执行确认以确保解决方案在目标环境中能发挥预期的作用，并记录和沟通结果
VV	2.1	选择验证和确认的部件和方法
VV	2.2	建立、使用支持验证和确认的环境并保持更新
VV	2.3	制订、遵从验证和确认的规程并保持更新
VV	3.1	制订、使用验证和确认的准则并保持更新
VV	3.2	分析和交流验证和确认的结果
SAM	1.1	制订并文档化供应商协议
SAM	1.2	接受或拒绝供应商交付物
SAM	1.3	处理供应商发票
SAM	2.1	按照供应商协议监督供应商并保持协议更新
SAM	2.2	执行供应商协议中的活动
SAM	2.3	在接收供应商的交付物之前，验证供应商协议是否被满足了
SAM	2.4	基于供应商协议管理供应商提供的发票
SAM	3.1	选择供应商的技术类交付物进行分析并执行技术评审
SAM	3.2	基于供应商协议中的准则选择并监督供应商的过程和交付物
SAM	4.1	选择度量元并应用分析技术来定量管理供应商的性能以达成质量与过程性能目标

参考文献

[1]　CMMI 研究院 . CMMI DEV 2.0 模型 [Z]. [S.l.]: CMMI 研究院，2018.

[2]　CMMI 研究院 . Scrum 与 CMMI 指南：使用 CMMI 提供敏捷性能 [Z]. [S.l.]: CMMI 研究院，2016.

[3]　McMahon P E. Integrating CMMI and Agile Development: Case Studies and Proven Techniques for Faster Performance Improvement[M]. New Jersey: Addison-Wesley Professional, 2010.

[4]　任甲林 . 术以载道——软件过程改进实践指南 [M]. 北京：人民邮电出版社，2014.

[5]　Chrissis M B, Konrad M, Shrum S. CMMI for Development: Guidelines for Process Integration and Product Improvement (3rd Edition)[M]. New Jersey: Addison-Wesley Professional, 2011.

[6]　Boehm B, Turner R. Balancing Agility and Discipline: A Guide for the Perplexed[M]. New Jersey: Addison-Wesley/Pearson Education, 2003.

[7]　Wiegers K E. 软件需求 [M]. 李忠利，等译 . 3 版 . 北京：清华大学出版社，2016.

[8]　Maxwell K D. 软件管理的应用统计学 [M]. 张丽萍，梁金昆，译 . 北京：清华大学出版社，2006.

[9]　Florac W A，Careton A D. 度量软件过程 : 用于软件过程改进的统计过程控制 [M]. 任爱华，刘又诚，译 . 北京：北京航空航天大学出版社，2002.

[10]　Abran A. 软件项目估算 [M]. 徐丹霞，郭玲，任甲林，译 . 北京：人民邮电出版社，2019.

[11]　Patton J. 用户故事地图 [M]. 李涛，向振东，译 . 北京：清华大学出版社，2016.

[12]　Highsmith J. 敏捷项目管理：快速交付创新产品 [M]. 李建昊，译 . 2 版 . 修订版 . 北京：

电子工业出版社 , 2019.

[13] Dorofee A J, Walker J A, Alberts C J, et al. Continuous Risk Management Guidebook, Carneigie Mellon[M]. Pittsburgh: Software Engineering Institute, 1996.

[14] McConnell S. 软件估算——"黑匣子"揭秘 [M]. 宋锐，等译 . 北京：电子工业出版社，2007.

[15] Goldratt E. 关键链 [M]. 罗嘉颖，译 . 北京：电子工业出版社，2006.

后记

从 20 世纪 90 年代初 CMM 1.0 的发布开始，CMMI/CMM 模型已经走过了近 30 个年头，2019 年我国的 CMMI 评估次数也超过了 2300，但与其普及程度不匹配的是，"误读"CMMI 的现象并不罕见。就在数周前，有客户和我交流时就将 CMMI 的 2 级和 3 级分别称为"文档"和"文档的文档"，产生如此误解的原因，我认为主要有以下两点。

（1）在 CMMI 1.3 及之前的版本中，其改进思想和价值观没有得到很好的强调及宣传。任何一种方法论、模型的长期存在与普及都应该有其鲜明的价值观和思想，但相比于《敏捷宣言》及敏捷原则，CMMI 的思想往往不为人所知。这一点在 CMMI 2.0 中有所改观（参见本书 1.1 节），但还有进一步提炼、优化的空间，我将 CMMI 2.0 的改进思想提炼归纳为以下的"四心"宣言，以期起到抛砖引玉的作用：

- ▶ 不忘初心，业务目标驱动改进；
- ▶ 上下一心，高层经理引领改进；
- ▶ 保持恒心，全员参与固化改进；
- ▶ 实效真心，数据采集量化改进。

（2）CMMI 的本质是一套过程改进的模型，但不少企业看中的是其成熟度评估的结果。这就不可避免地带来一些"证明我做了的证据"的尴尬。在 CMMI 2.0 的评估方法中，利用性能报告的制订与提交将评估组的关注点引导到组织的业务目标与过程性能的实际改变上，我个人在评估中也更多地聚焦于和交付直接相关的成果上（例如查看代码或邀请人员演示系统功能等），借助这些手段，以期减少"评估就是堆砌文档"的感受。

希望本书的"解读"可以帮助读者在理解 CMMI 时更好地避免误区，这是阅读层面上希望达到的效果；此外，知行合一，在改进的执行层面上，麦哲思科技一直是实效改进的布道者与推动者，本书的大部分案例都来源于我们可爱的客户，他们更是战斗在改进一线的践行者，希望借助书中的道与术，帮助读者在实效改进之路上不迷茫、少困惑、有捷径、更轻松，这也是以道御术的价值与本意。

周伟

2020 年 7 月 18 日